羊引种技术指南

无角陶赛特羊

特克塞尔羊

萨福克羊

澳洲白羊

白萨福克羊

杜泊羊

羊引种技术指南

湖 羊

小尾寒羊

多浪羊

滩 羊

杜蒙羊

高山美利奴羊

羊引种
技术指南

马友记 主编

化学工业出版社
·北京·

内容简介

本书从实际、实用、实效出发，介绍了现阶段我国羊种业概况、主要绵羊和山羊良种、公羊的精子概述、羊的胚胎概述、羊的引种、种羊生产性能测定、种羊的使用、种羊的饲养管理以及种羊的疫病防控等内容。全书紧密围绕羊"为什么引种、引什么种、怎么引种、引种后如何做"等系列科学问题这一主线展开阐述，兼具科学性与实用性，技术先进且可操作性强，可以有效助推现代羊种业高质量发展。本书是规模化种羊场的经营管理者、饲养技术人员以及肉羊养殖大户等的良好工具书，同时也可作为相关院校畜牧养殖相关专业师生的参考用书。

图书在版编目（CIP）数据

羊引种技术指南 / 马友记主编. --北京 ：化学工业出版社，2024.8. -- ISBN 978-7-122-45809-4

Ⅰ. S826.02-62

中国国家版本馆 CIP 数据核字第 2024F9R663 号

责任编辑：曹家鸿　邵桂林　　　　　装帧设计：张　辉
责任校对：李雨函

出版发行：化学工业出版社
　　　　　（北京市东城区青年湖南街 13 号　邮政编码 100011）
印　　刷：三河市航远印刷有限公司
装　　订：三河市宇新装订厂
850mm×1168mm　1/32　印张 6　插页 1　字数 158 千字
2025 年 1 月北京第 1 版第 1 次印刷

购书咨询：010-64518888　　　　　售后服务：010-64518899
网　　址：http://www.cip.com.cn

定　　价：49.80 元

编　委　会

主　　编：马友记

副 主 编：段心明　李讨讨　赵永聚

编写人员：（按姓氏笔画排序）

马友记　马克岩　王芳彬

孙旭春　李讨讨　张　利

段心明　赵永聚　姜仲文

秦泽民　程小磊　薛瑞林

满永恒　魏彩虹

前　言

　　羊，六畜中的善者、仁者，大自然吉祥的使者，它吃的是牧草和秸秆，献给人类的是"美味"和"美丽"，送给养殖户的是"金子"和"银子"，它既是我国广大农牧区的优势产业之一，又是政府进行乡村产业振兴的重要抓手，因此，应进一步产业化开发养羊业。

　　羊产业化开发的基本过程，包括品种良种化、养殖设施化、生产规范化、繁殖高效化、日粮 TMR 化、防疫程序化、粪污资源化、产品特色化、管理科学化、品牌培育化等，这一过程任何一个环节的缺少或脱节，都会影响养羊业健康发展，其中品种良种化是羊产业化开发的重中之重。

　　我国是养羊大国，但不是养羊强国，与发达国家相比还有不小差距。今后要继续开展种源"卡脖子"技术攻关以及优质种源引进，让小种子迸发大能量，打好种业翻身仗。

　　品种良种化的关键是种羊引进和新品种培育，而生产中引进品种的好坏将直接关系到羊产业化进程和效果的好坏。因此，掌握主要绵羊山羊品种特点、引种的原则、引种的方法、引种的技术措施、引种成功与否的判断方法以及引进种羊饲养管理、疫病防控技术等，是科学引进种羊的需要，也是加快产业化开发养羊业的需求。

　　在本书编写过程中，作者结合了多年养羊生产、科研、推广工作经验总结，亦参考了大量文献资料。由于编者水平有限，疏漏之处在所难免，诚请读者和其他同行专家给予批评指正。

编者

目　录

第三章　主要山羊良种介绍　　047

第四章　公羊的精子概述　059

第五章　羊的胚胎概述　081

第七章 种羊生产性能测定   113

第八章 种羊的使用   116

第九章 种羊的饲养管理   134

第十章　种羊疫病防控　　144

参考文献　　157

附录　　158

第一章
羊种业概况

中国是世界上的养羊大国，羊的存栏量、出栏量、羊肉产量均居世界首位。新中国成立初期，羊产业以羊毛生产为主，直到20世纪80年代，才逐渐由毛用为主向肉用为主方向转变。特别是进入21世纪，我国羊种业发展迅猛，种质资源不断得到丰富，良种繁育体系逐步完善，种羊生产水平稳步提升。近几年，适逢国家打好种业翻身仗和开展第三次畜禽遗传资源普查的良好机遇，全国上下对羊种业越来越重视，绵、山羊良种选育能力和技术水平得到大幅度提升。

一、羊种起源与驯化

1. 绵羊的起源

在动物学分类上，绵羊属洞角科、绵羊山羊亚科（Caprovinae）、绵羊属（Ovis），染色体数目一般为27对。根据比较解剖学和生理学方法、杂交方法、考古方法等多方面的研究确定，与家绵羊（Ovisaries）血缘关系最近的野生祖先为摩弗伦羊（Mouflon，Ovis-musimon）、阿卡尔羊（Ovisorientalis）和源羊（Ovisammon）。

根据国内外学者的研究，阿尔卡羊和源羊及其若干亚种与中国现有绵羊品种血缘关系最近。源羊亦名盘羊，迄今尚有少数野生种存在，并且常被捕获。从20世纪50年代开始，新疆、青海和西藏的科技工作者曾取源羊精液，与当地西藏羊杂交，能产生发育正常的后代。

2. 山羊的起源

在动物学分类上，山羊与绵羊为同一亚科不同属。山羊属于山羊属（*Capra*），染色体数目一般为 30 对。家山羊（*Caprahircus*）的野生祖先主要有角呈镰刀状的猳羊（*Capraaegagrus*）和角呈螺旋状的猳羊（*Caprafalconeri*）两个野生种。两个野生种的角形在中国山羊中都能见到，如角呈镰刀状的野生种在青藏高原就常有捕获，当地称之为岩羊。

根据国内外研究，山羊比绵羊更早被驯化，亦早于犬以外的其他家畜。一般认为东自喜马拉雅山和土库曼，西到东南欧地区所发现的野山羊为山羊的野生祖先，而主要的发源地是中亚和中东地区。

二、羊种业现状

近些年，在《全国肉羊遗传改良计划（2015—2025）》和《全国羊遗传改良计划（2021—2035 年）》指导推动下，我国绵、山羊种业工作取得新突破，遴选出一批国家级羊核心育种场，育成了一批新品种，产生了一批新成果，开创了羊种业发展新格局。

一是育成了一批新品种。截至 2023 年 12 月，列入《国家畜禽遗传资源品种名录》的品种共计 193 个，其中绵羊品种及遗传资源 106 个，包括 56 个地方绵羊品种和 37 个培育品种以及 13 个引入品种；山羊品种及遗传资源 87 个，其中 67 个地方品种，14 个培育品种和 6 个引入品种。这些品种及遗传资源在产肉、产乳、产绒及地方适应性上均独具特色，普遍具有繁殖力高、肉质鲜美、适应性强、耐粗饲等优良特性，有的还具有药用价值，是培育新品种不可缺少的原材料，是我国畜牧业可持续发展的宝贵资源。

二是良种繁育体系逐步完善。与羊产业区域布局相适应，初步建立了以种羊场为核心、以繁育场为基础、以质量监督检验测试中心和性能测定中心为支撑的良种繁育体系。到 2023 年，全国有绵羊种羊场 823 家，山羊种羊场 449 家，遴选国家羊核心育种场 50

家，性能测定中心（站）和绒毛质量监督检验测试中心各3个。

三是生产水平稳步提升。羊出栏率由1980年的23%提高到2023年的105.3%，胴体重由10.5kg提高到15.6kg。细毛羊个体产毛量明显提高，羊毛主体细度由20世纪90年代的64支提高到目前的66支以上。绒山羊产绒量明显提高，羊绒品质保持优良。2015～2020年，全国奶山羊300天泌乳期平均产奶量从450kg增加到500kg。

三、羊育种历程

我国养羊历史悠久，从夏商时期开始已有文字可考。古代对羊的选择大多是自然选择和无意识的人工选择，形成了一批适应性强的地方品种，如湖羊品种的形成。湖羊源于蒙古羊，南宋迁都临安（今杭州）后，黄河流域的蒙古羊随民众大量南移而被携至江南太湖流域一带，由于缺乏放牧地和多雨等，由放牧转入舍饲，经长期驯养和选育，形成了湖羊。

我国近代羊种业起源于20世纪初。1904年，国外传教士将萨能奶山羊引入青岛；同年，陕西的高祖宪和郑尚真等集资从国外引进美利奴羊数百只，并在安塞县北路周家洞附近建立牧场，这是我国从国外引进优良种羊的开始。之后至1917年，我国陆续从美国等国家引入1000余只美利奴羊对本地母羊进行杂交改良，获得了3000余只三代以上杂种羊，但没有取得明显的育种成效。新中国成立以后，肉羊、绒毛用羊、奶用羊等育种工作都得到稳步推进。

1. 肉羊育种历程

第一阶段，以引入国外品种开展杂交改良为主。1934年，从前苏联引进了高加索羊和泊列考斯羊等绵羊品种，分别饲养在伊犁、塔城、巴里坤、乌鲁木齐，对哈萨克羊和蒙古羊进行改良，至1949年，巩乃斯种羊场形成了以横交四代为主的"兰哈羊"群体。1935～1945年间，引入考力代羊等品种，在北平（今北京）西山、河北石家庄和山西太原等地与地方绵羊进行杂交，但收效甚微。

1939 年，四川成都引入努比亚山羊 90 只，与地方山羊杂交，在提高肉用性能和繁殖性能方面取得了显著效果。1946 年，联合国善后救济总署赠送给我国考力代羊 925 只，分别饲养在西北、绥远、北平和南京等地，但因适应性差、几经迁徙和转移的原因，损失很大；虽与本地羊开展了杂交，但收效甚微。这一阶段，尽管多数引进品种的杂交改良效果甚微，但这些引进品种对新中国成立后我国毛肉兼细毛羊、半细毛羊（纤维平均细度大于 $25\mu m$）和山羊新品种培育仍发挥了重要的作用。

第二阶段，以毛肉兼用细毛羊、半细毛羊新品种培育为主。新中国成立后，我国养羊业得到了迅猛的发展，不仅绵、山羊数量有了很大的增长，而且养羊业产品的产量和质量也有了显著的提高。由于对羊毛的需求，新中国成立后很长一个阶段，我国的羊育种主要以毛肉兼用型细毛羊、半细毛羊为主，以该阶段的工作为基础，共培育出新疆毛肉兼用细毛羊和中国美利奴羊等细毛羊、半细毛羊品种 22 个。其中，新疆毛肉兼用细毛羊由巩乃斯种羊场联合其他羊场共同在兰哈羊的基础上于 1954 年育成，是我国培育的第一个羊新品种。该品种的育成为我国绵羊育种提供了样板和经验，该品种也作为主要父本之一，参加了多个细毛羊、半细毛羊等国内新品种的培育，对推动全国范围内的绵、山羊杂交育种工作起了积极的推动作用。

第三阶段，以专门化肉羊品种和肉用细毛羊新品种培育为主。20 世纪 80 年代以后，我国养羊业由毛用为主向肉用为主转变，肉羊育种工作得到了重视，促进了专门化肉羊品种和肉用细毛羊新品种培育，共育成肉羊品种 12 个。这一时期，肉用绵羊选育主要有 4 条技术路线，一是对已有品种繁殖和肉用性能的选育提高，选出高繁（多胎）、体大的新品系、新类群；二是以细毛羊改良群或已有细毛羊为母本，与德国肉用美利奴或南非肉用美利奴等肉用细毛羊杂交，培育出巴美肉羊、昭乌达肉羊、察哈尔羊和乾华肉用美利奴羊 4 个适应放牧加补饲条件的肉用细毛羊新品种；三是对已有短脂尾品种中的小尾群体持续选育，培育出适应市场需求并与原有品种有明显差异的戈壁短尾羊和草原短尾羊 2 个肉羊新品种；四是用专门化肉用品种杜泊羊与我国高繁殖力品种小尾寒羊和湖羊杂交，培育出鲁西黑头羊、鲁中肉羊和黄淮肉羊 3 个适于舍饲的高繁殖力肉羊品种。同期，肉用山羊选育主要有 2 条技术路线，一是对已有品种的繁殖性能和肉用性能选育提高，并选出高繁、体大的新品系、新类群；二是用努比亚山羊与当地山羊杂交培育出南江黄羊、简州大耳羊、云上黑山羊 3 个肉用山羊新品种。上述培育品种特性明显、生产力水平高、适应性强，在提高我国羊生产水平和产品品质上发挥了积极的作用，也为我国羊产业可持续发展提供了宝贵资源和育种素材。

2. 绒毛用羊的育种历程

第一阶段，以发展毛用羊产业为主，特别是我国细毛羊种业走出了一条从无到有、从小到大的发展之路。新中国成立以后，在原有工作的基础上，国家有计划地组织开展了细毛羊育种工作，至 1954 年育成了我国第一个细毛羊新品种——新疆肉毛兼用型细毛羊，填补了我国没有细毛羊的空白。随后，1967 年在东北地区培育完成了东北毛肉兼用细毛羊新品种；在 20 世纪 70～80 年代期间内蒙古、甘肃、陕西、山西、河北等地先后育成了内蒙古细毛羊、敖汉细毛羊、甘肃高山细毛羊等新品种。这些新品种均是利用苏联的细毛羊品种与当地绵羊杂交，经过多年选育而成，形成了我国第一代细毛羊。云南、四川、西藏、陕西等地的半细毛羊育种工作也进入一个新的阶段。

第二阶段，以优良种羊杂交改良低产粗毛羊，改善羊毛品质，同时提高羊肉产量为重点，取得了显著成绩。细毛羊品种选育进展迅速，培育了一批优秀的细毛羊品种，完成了第二、三代细毛羊品种更替。为培育适合我国不同生态环境的毛用绵羊品种，开始了半细毛羊品种的选育，培育了一系列半细毛羊品种。同时随着世界羊绒市场的崛起，绒山羊品种选育全面展开。到 20 世纪 80 年代，我国已经发展成为世界养羊大国，存栏量和产量均居世界首位。20 世纪 90 年代开始，养羊业主导方向开始发生转变，由原来的毛用转向肉毛兼用和肉用方向。

第三阶段，走向超细毛品种培育和特色生态区细毛羊培育方向，2014 年苏博美利奴羊通过国家畜禽遗传资源委员会审定，2015 年高山美利奴羊通过国家畜禽遗传资源委员会审定。这一时期为半细毛羊新品种集中培育期，2008 年、2009 年、2017 年、2018 年先后育成了彭波半细毛羊、凉山半细毛羊、青海高原毛肉兼用半细毛羊和象雄半细毛羊 4 个新品种，为云贵高原、青藏高原的高寒山区、藏区提供了优势畜种，成为这些地区农牧民脱贫增收的支柱产业。在半细毛羊新品种培育、高效繁殖、标准化规模饲养及疫病防控方面取得一系列科技成果。同时开展绒山羊新品种培育，培育出了陕北白绒山羊、柴达木绒山羊、罕山白绒山羊和晋岚绒山羊。

3. 奶山羊的育种历程

中国山羊养殖的历史久远，但专门化奶山羊品种育种始于 20 世纪，经历从原始引种到科学培育的艰难历程，再加上复杂多样的生态环境和社会经济条件，产生了众多知名奶山羊品种，其培育阶段如下：

第一阶段，是 20 世纪 70 年代前的引种驯化阶段，重要工作是引进国外良种奶山羊，培育西农萨能奶山羊品种。1904 年，在中国的德国传教士和其他侨民首先将萨能奶山羊带入中国。1932 年，中国著名平民教育家晏阳初先生从加拿大引进萨能奶山羊；同年吐根堡奶山羊品种被引入中国黑龙江省绥棱县。1936 年，晏阳初先生将引进的萨能奶山羊运到陕西省武功县。1938 年在原西北农学院建立萨能奶山羊繁育场。1939 年，四川等地从美国少量引入努比亚奶山羊。1942 年，刘荫武教授对萨能奶山羊进行纯种选育和风土驯化，萨能奶山羊产奶量明显上升，1945 年产奶量达到 417.4kg。但是在 1945～1949 年，由于社会动荡不安，奶山羊培育工作一时处于中断状态，奶山羊生产性能急剧下滑，1949 年产奶量下降到 329kg。新中国成立后，为了尽快恢复保留下来的萨能奶山羊群体的生产性能，争取到政府经费支持，严格培育萨能奶山羊，萨能奶山羊种质水平再一次明显提高。1957 年，培育的西农萨能奶山羊年产奶量在 1000kg 以上，超过了瑞士原种萨能奶山羊的生产性能。1975 年持续跟踪种质性能，培育的西农萨能奶山羊产奶量依然保持较高水平，达到 862kg，之后于 1985 年由陕西省正式命名。

　　第二阶段，是 20 世纪 70 年代～21 世纪初的传统育种阶段，重要工作是培育地方奶山羊品种。西农萨能奶山羊由于生产性能良好，成为当时中国重要的畜牧种质资源之一，向国内其他省、自治区广泛推广。各引入地以西农萨能奶山羊为父本，进行级进杂交，经过多年的本地奶山羊品种改良，培育出了地方专门化奶山羊品种。关中奶山羊的培育工作始于 1972 年，文登奶山羊的培育工作始于 1979 年，均是以西农萨能奶山羊为父本培育而成的。1979 年，崂山奶山羊被列为"全国奶山羊优良品种"。关中奶山羊、崂山奶山羊、文登奶山羊分别于 1990 年、1991 年、2009 年通过国家畜禽遗传品种资源委员会品种审定，目前已载入《中国畜禽遗传资源志·羊志》（2011 版）中。除以上 3 个品种外，雅安奶山羊、河南奶山羊、延边奶山羊、唐山奶山羊等也在同时期培育而成。

　　第三阶段，是在 21 世纪初直至现在的现代育种阶段，重要工作是挖掘功能基因进行分子育种。随着分子技术的发展，利用高效的分子技术手段创制奶山羊新品种，目前已经取得了一些成果。在国家转基因生物新品种培育重大专项支持下，2011 年南京农业大学课题组研制出了人乳铁蛋白转基因克隆奶山羊，2020 年西北农林科技大学课题组利用基因编辑技术研制出了敲除 *SCD1* 基因的奶山羊。同时，在奶山羊产业推动下，有志人士从国外继续加大引进新鲜血液，2016 年从澳大利亚引进英系阿尔卑斯奶山羊，丰富了奶山羊品种资源。至 2020 年，总计从澳洲引进良种奶山羊（萨能奶山羊、吐根堡奶山羊、英系阿尔卑斯奶山羊）超过万只，加强培育优质奶山羊，提纯复壮原有的奶山羊品种，奶山羊种质水平明显好转。

四、羊种业存在问题

1. 品种创新和持续选育不够

我国已经培育出了一批羊品种并在生产中发挥了重要作用，但与品种创新和产业发展的需求仍有较大差距，专门化肉用杂交父本种源仍需从国外引进，适于规模化、工厂化舍饲生产的专门化肉用母本品种尚为空白。现有地方品种、培育品种和引入品种具有抗逆性强、耐粗饲、繁殖力高、生长速度快、肉质好等一项或多项突出性状，是打造肉羊"中国芯"的种源基础。目前，除对少数品种开展持续选育并取得显著成效外，普遍对地方品种、育成品种和引进品种的选育重视不够，群体一致性差，还存在退化现象。

2. 育种机制不健全

当前，我国专业化的育种公司仍处于起步阶段，企业研发投入动力不足，以企业为主体、育繁推一体化的商业化育种体系尚未建立。科技人员成果评价、绩效考核和激励与成果分享机制不完善，与企业利益联结不紧密，产学研深度融合的肉羊种业联合体和利益共同体还未形成。受疫病、数据的可靠性、利益分配机制等制约，联合育种工作推进较为缓慢。由于独立分散的制种模式，种羊价格无法反映种羊育种价值，重繁轻育现象较为普遍。没有稳定的经费投入和政策扶持机制，育种工作的连续性无法切实保证，核心育种群常因市场波动而流失。

3. 育种基础工作较为薄弱

当前，我国育种基础设施和装备普遍较差，选育手段落后，育种信息记录不完善，良种登记、性能测定、遗传评估等基础工作不系统。部分地方品种选育目标不明确、思路不清晰。杂交利用体系不健全，杂交组合筛选较为滞后，导致杂交利用面较小，部分品种杂交较为盲目和混乱。

4. 关键技术研发和应用不足

近年来，育种关键技术研发和应用虽取得了长足进步，但由于缺乏长期连续的支持和企业自主创新能力不强等原因影响，关键技术研发和应用方面的不足仍然很明显。全基因组选择技术的研发和商业化推广应用均相对滞后，仍处于起步阶段，且尚未建立起具有精准表型的大规模参考群体；性能测定技术手段也相对落后，高通量智能化性能测定设备的自主研发能力不足，严重影响测定效率和准确性，测定数据质量不高；高效繁殖技术尚未全面推广利用，优秀公母羊的遗传潜能难以充分发挥，导致育种周期较长，遗传进展缓慢。

5. 生物安全防控亟待加强

近年来，随着舍饲规模增大和跨区域调运日趋频繁，我国羊的疫病情况变得较为复杂，生物安全形势不容乐观。一些垂直疾病还没有得到净化，疫病的感染不仅影响表型测定和遗传评估，甚至会使多年的育种工作前功尽弃。

五、羊种业发展方向

种业创新和可持续发展是现代种业发展的重要方向，是保障畜产品安全和促进畜牧业可持续发展的关键。

1. 创新育种体系和机制

构建以育繁推一体化羊育种龙头企业为主体、教学科研单位为支撑、产学研深度融合的种业创新体系和利益共同体，形成以市场需求为导向的商业化育种模式和育种成果分享机制。建立稳定的经费投入和政策扶持机制，保证育种工作的连续性和稳定性。逐步建立政府与企业和社会资本共同投入的多元化投融资机制，不断激发企业自主创新和育种的驱动力。

2. 加强育种基础设施和公共平台建设

完善育种场的性能测定设施，实现性能测定装备的升级换代，提升性能测定的智能化水平，大幅提高育种数据采集能力和数据质量。支持各类主体建设肉羊生产性能测定第三方机构，形成以场内测定与测定站（中心）测定结合的性能测定体系。建设羊遗传资源分子特征库和特色性状表型库，构建高通量基因挖掘技术平台。建立国家羊遗传评估中心，指导场内遗传评估，开展主导品种的跨场遗传评估。

3. 研究和突破关键技术

创新羊胚胎、配子、干细胞、基因等保存方法，建立多种保存方式相互配套的遗传资源保存技术体系。研发高通量、智能化、自动化的表型组精准测定技术与装备，建立高通量表型组精准测定技术体系。解析繁殖、饲料效率、生长、肉品质、抗逆抗病等重要经济性状的遗传机理，挖掘有利用价值的关键基因和遗传变异。分类别建立主导品种的大规模基因组选择参考群体，研发基因组选择技术，设计专门、高效、低成本的羊育种芯片，开发配套遗传评估技术。创新应用现代繁殖新技术，高效扩繁优异种质，提高制种效率。

4. 开展品种创新与持续选育

以繁殖力和饲料效率为重点，选育适于舍饲的专门化母本品种；以生长速度、饲料效率、产肉量和肉质为重点，选育专门化肉用杂交父本品种。持续开展已有品种的本品种选育，对市场占有率高的湖羊、杜泊羊、澳洲白羊和萨福克羊等品种开展联合选育。对保护品种，在加强保种的同时逐步提高其特色性状的遗传水平和整体生产水平。

5. 提升生物安全水平

建立种羊场疫病综合防控和生物安全技术体系与规程，采取有效措施净化种羊场垂直疾病。加大力度支持疫病净化创建场和示范场建设，加强对育种场的管理，提升育种场生物安全水平，确保种源生物安全。

第二章
主要绵羊良种介绍

羊的良种具备主要产品方向突出、产量和品质高、种群数量大、群体整齐度高、适应性广、抗病力强、适宜集约化生产、易于管理、市场前景好等特点，目前国内主要饲养的绵羊良种有以下30多种。

一、湖羊

湖羊是我国特有的羔皮用绵羊品种，也是目前世界上少有的白色羔皮品种。随着对羊产品需求的变化，湖羊也由过去的羔皮用向以繁殖和产肉为主方向转变。

1. 产地与分布

中心产区在浙江的吴兴、嘉兴、桐乡、余杭、杭州和江苏的吴江等县及上海的部分郊区县。目前已推广到安徽、山东、上海、甘肃、新疆、内蒙古等20余个省、自治区饲养。

2. 外貌特征

湖羊头狭长，鼻梁隆起，眼大突出，耳大下垂（部分地区湖羊耳小，甚至无突出的耳），公、母羊均无角。颈细长，胸狭窄，背平直，四肢纤细。短脂尾，尾大呈扁圆形，尾尖上翘。全身白色，少数个体的眼圈及四肢有黑、褐色斑点。

3. 生产性能

该品种体重成年公羊（48.7±8.7）kg，成年母羊（36.5±5.3）kg。被毛异质，剪毛量成年公羊1.65kg，成年母羊1.17kg。

屠宰率 40％～50％。母羊产羔率 228.9％。湖羊以生长快，成熟早，四季发情，多胎多产，所产羔皮花纹美观而著称。其羔羊出生后 1～3d 宰杀所获羔皮洁白光润，皮板轻柔，花纹呈波浪形，在国际市场上享有很高的声誉，有"软宝石"之称。湖羊体重等级评定见表 2-1。

表 2-1　湖羊的体重等级评定

年龄	公羊				母羊			
	特级	一级	二级	三级	特级	一级	二级	三级
6 月龄	w≥43	40≤w<43	37≤w<40	<37	w≥37	34≤w<37	31≤w<34	<31
成年	w≥77	70≤w<77	62≤w<70	<62	w≥51	46≤w<51	41≤w<46	<41

资料来源：引自湖州湖羊种羊等级评定（DB3305/T 261—2023）。

二、小尾寒羊

小尾寒羊是中国著名的地方优良绵羊品种之一，生长发育快，性成熟早，常年发情配种产羔，繁殖力高，产肉性能好，适应农区舍饲或小群放牧，羊皮也可制裘等。

1. 产地与分布

原产于河北南部、河南东部和东北部、山东南部及皖北、苏北一带，现全国各地都有分布。据考证，小尾寒羊起源于宋朝中期，当时我国北方少数民族迁移中原时，把蒙古羊带到黄河流域，由于气候环境和饲养方式的改变，并通过劳动人民的长期精心培育，形成该品种。

2. 外貌特征

被毛为白色，少数羊只头部、四肢有黑色斑点、斑块。公羊前胸较深，背腰平直，体躯高大，侧视呈长方形，四肢粗壮。尾略呈椭圆形，下端有纵沟，尾长在飞节以上。

3. 生产性能

小尾寒羊成年公羊体重 113.3kg、体高 99.6cm，成年母羊体重 65.9kg、体高 82.4cm。周岁公羊活重 72.8kg、胴体重 40.5kg、屠宰率55.6%、净肉率42.5%。羔羊2.5～5月龄是日增重最快、饲料报酬最高的时期，平均日增重194.6g，料重比为2.9：1。被毛异质，由无髓毛、两型毛、有髓毛及干死毛组成，剪毛量成年公羊2.8kg，成年母羊1.9kg。小尾寒羊性成熟早，母羊5～6月龄即可发情，公羊7～8月龄可用于配种。母羊产羔率251.3%，其中初产羊产羔率229.5%，经产羊产羔率267.8%。小尾寒羊的分级标准见表2-2。

表2-2　小尾寒羊的分级标准

年龄	等级	公羊				母羊			
		体高/cm	体长/cm	胸围/cm	体重/kg	体高/cm	体长/cm	胸围/cm	体重/kg
3月龄	特	68.0	68.0	80.0	23.0	65.0	65.0	75.0	21.0
	一	65.0	65.0	75.0	20.0	63.0	63.0	70.0	18.0
	二	60.0	60.0	70.0	17.0	55.0	55.0	65.0	15.0
6月龄	特	78.0	79.0	87.0	38.0	72.0	73.0	82.0	35.0
	一	72.0	72.0	83.0	33.0	68.0	67.0	77.0	30.0
	二	63.0	63.0	70.0	28.0	60.0	60.0	70.0	25.0
周岁	特	90.0	90.0	100.0	58.0	75.0	75.0	90.0	50.0
	一	85.0	85.0	95.0	53.0	70.0	70.0	85.0	45.0
	二	80.0	80.0	90.0	48.0	65.0	65.0	80.0	40.0
成年	特	95.0	95.0	110.0	85.0	80.0	80.0	100.0	73.0
	一	90.0	90.0	105.0	75.0	75.0	75.0	95.0	63.0
	二	85.0	85.0	100.0	65.0	70.0	70.0	90.0	53.0

注：1. 种羊体尺、体重指标低于二级标准应予以淘汰。

　　2. 种羊体尺、体重指标即使绝大多数高于二级标准，也要结合培育方案以20%～30%进行淘汰，以保证核心群的质量和数量。

三、滩羊

滩羊是我国名贵的裘皮用绵羊品种。

1. 产地与分布

主要分布在宁夏石嘴山市的惠农、平罗、陶乐镇等地和吴忠、中宁、中卫、灵武、盐池、同心等地及银川市贺兰、永宁等县，相邻的甘肃景泰、靖远，陕西定边、靖边，内蒙古阿拉善左旗、右旗也有分布，其中以惠农区、平罗县、贺兰县所产滩羊二毛皮品质最好。

2. 外貌特征

滩羊体格中等，结构匀称，体质结实，头清秀，鼻梁隆起。公羊有大角呈螺旋状向外伸展，母羊有小角或无角，背腰平直、狭窄，脂尾，尾根部宽，向下逐渐变小呈三角形，四肢结实。体躯毛白色，头多为黑色、褐色或黑、褐白相间。

3. 生产性能

成年公羊体重 47.0kg，成年母羊 35.0kg。被毛异质，剪毛量成年公羊 1.6～2.7kg，成年母羊 0.7～2.0kg，净毛率 65% 左右，毛股呈现明显的长毛辫状。毛纤维中有髓毛占 7%，两型毛约占 15%，无髓毛占 77%；有髓毛细度为 (44.9±10.2)μm，两型毛细度 (34.1±8.6)μm，无髓毛细度 (19.1±5.9)μm。毛纤维富有弹性，是织制提花毛毯的优质原料。

母羊初配年龄一般为 1.5 岁，多产单羔，双羔率 1%～2%，繁殖成活率 89%～98%。

滩羊肉质细嫩、膻味轻，是我国最好的羊肉之一，尤其是剥取二毛皮的羔羊肉肉质细嫩、味道鲜美，备受人们青睐。成年羯羊宰前活重 (44.0±1.4) kg，胴体重 (18.7±0.7) kg，屠宰率 42.5%，成年母羊平均屠宰前活重 (41.9±0.5) kg，胴体重 (16.04±0.3) kg，屠宰率 38.3%，1 月龄羔羊平均活重 7.1kg，屠宰率 49%。

滩羊羔 35 日龄左右宰杀剥制的皮张称滩羊二毛皮。其特点是毛股长（8cm）而紧实；具有美丽的波浪形弯曲，弯曲数 5～7 个，毛纤维细而柔软，两型毛占 46%，无髓毛占 54%，羊毛密度为 2312～2480 根/cm^2，花穗不松散，不毡结，毛色洁白，光泽悦目，皮板厚而致密，重量轻而结实，鞣制后重量为 0.3kg/张。

四、多浪羊

多浪羊是新疆的一个优良肉脂兼用型绵羊品种。

1. 产地与分布

主要分布在塔克拉玛干沙漠的西南边缘，叶尔羌河流域的麦盖提、巴楚、乐普湖、莎车等县，因其中心产区在麦盖提县，故又称麦盖提羊。

2. 外貌特征

多浪羊头较长，鼻梁隆起，耳大下垂，眼大有神，公羊无角或有小角，母羊无角。颈窄而细长，胸宽深，肩宽，肋骨滚圆，背腰平直，躯干长，后肢肌肉发达。尾大而不下垂，尾沟深。四肢高而有力，蹄质结实。初生羔羊全身被毛多为褐色或棕黄色，也有少数为黑色或深褐色，个别为白色，第一次剪毛后体躯毛色多变为灰白色或白色，但头部、耳及四肢保持初生时毛色，一般终生不变。被毛分为粗毛型和半粗毛型两种，粗毛型毛质较粗，干死毛含量较多，半粗毛型两型毛含量多，干毛少，是较优良的地毯用毛。

3. 生产性能

多浪羊特点是生长发育快，早熟，体格高大，肉用性能好，母羊常年发情，繁殖性能好。该品种周岁公羊体重 63.3kg，周岁母羊体重 45.0kg；成年公羊体重 105.9kg，成年母羊为 58.8kg。母羊舍饲条件下常年发情，初配年龄一般为 8 月龄，大部分两年三产，80%以上的母羊能保持多胎特性，产羔率 200%以上，双羔率可达 50%～60%、三羔率 5%～12%，并有产四羔者。

五、乌珠穆沁羊

乌珠穆沁羊属肉脂用短脂尾粗毛羊，以体大、尾大、肉脂多、羔羊生长发育快而著称。

1. 产地与分布

主要分布在东乌珠穆沁旗和西乌珠穆沁旗，毗邻的锡林浩特市、阿巴嘎旗部分地区也有分布。

2. 外貌特征

乌珠穆沁羊体质结实，体格大。头中等大，额稍宽，头深与额宽接近相等，鼻深微拱，颈中等长。公羊有角或无角，母羊多数无角。胸宽深，肋骨开张良好，背腰宽平，后躯发育良好，十字部略高于鬐甲部。尾肥大，呈四方形，膘好的羊，尾中部有一纵沟，将尾分成左右两半。毛色以黑头羊居多，约占62%，全身白色者约占10%，体躯花色者约占11%。

3. 生产性能

乌珠穆沁羊生长发育较快，2～3月龄公、母羔羊平均体重分别为29.5kg和24.9kg；6月龄的公、母羔平均达39.6kg和35.9kg。在完全放牧不补饲的条件下，当年羔羊的体重一般能达到3.5岁羊体重的50%以上，少部分能达到60%～65%。生长高峰为2月龄，日增重可达300g以上，个别羊可达400g。6月龄平均日增重200～300g。在不加任何补饲的条件下，成年羊秋季的屠宰率一般可达50%以上。据测定，成年羯羊秋季屠宰前活重为60.13kg，胴体平均重达32.3kg，屠宰率53.8%，净肉重22.5kg，净肉率37.42%，脂肪（内脂肪及尾脂）重5.87kg。产羔率100.69%，母性强、泌乳性能好。

六、兰坪乌骨绵羊

兰坪乌骨绵羊是我国著名的乌骨羊品种。

1. 产地与分布

中心产区为云南省玉屏山脉，集中分布在兰坪县通甸镇。

2. 外貌特征

从外貌特征看与一般绵羊没有区别，但解剖后可见骨骼、肌肉、气管、肝、肾、胃网膜、肠系膜等颜色乌黑，分离出的部分羊血清也呈灰黑色，表现为明显的乌骨、乌肉特征，随着年龄的增长，各部位颜色有越来越深的趋势，且不同组织器官黑色素沉积顺序和程度有所不同。兰坪乌骨绵羊头大小适中，绝大多数无角，只有少数公、母羊有角，角型呈半螺旋状，向两侧、向后弯，颈短无皱褶，鬐甲低，胸深宽，背平直，体躯相对短，四肢粗壮有力，尾短小，呈圆锥形。头及四肢被毛覆盖较差，被毛粗。被毛颜色中，全身黑毛者约占 43%；体躯为白毛，但颜面、腹部及四肢有少量黑毛者，占 19% 左右；被毛黑白花者占 8% 左右。

3. 生产性能

成年公羊体重（47.0±9.53）kg，体高（66.5±5.8）cm。成年母羊体重（37.3±5.4）kg，体高为（62.7±8.0）cm。成年公羊胴体重（22.76±0.66）kg，眼肌面积（15.2±0.51）cm^2，屠宰率 49.5%±1.62%，净肉率 40.3%±1.06%；成年母羊胴体重（15.75±1.78）kg，眼肌面积（13.92±0.92）cm^2，屠宰率 48.8%±1.78%，净肉率 37.0%±1.75%。一年剪毛 2 次，每次公羊产毛 1.0kg，母羊产毛 0.7kg。性成熟较晚，公羊性成熟期为 8 月龄、母羊 7 月龄；公羊初配年龄 18 月龄，母羊初配年龄为 12 月龄；发情多集中在秋季，母羊一年产一胎，产羔率 103.5%。

七、巴美肉羊

巴美肉羊是我国进入 21 世纪培育的具有自主知识产权的专门化肉羊品种之一。

1. 产地与分布

主要分布在内蒙古自治区巴彦淖尔市。

2. 育成简史

巴美肉羊是从 20 世纪 60 年代开始，用林肯、边区莱斯特、罗姆尼和强毛型澳洲美利奴公羊，对当地蒙古羊进行杂交改良和培育，在选育的基础上，引入德国美利奴羊公羊作父本，采取级进杂交育种方法，经选择，2006 年育成肉羊新品种，命名为巴美肉羊。在巴美肉羊的遗传结构中，含有蒙古羊血 6.25%，细毛羊、半细毛羊血 18.75%，德国肉用美利奴羊血 75%。

3. 外貌特征

巴美肉羊体格大，体质结实，结构匀称。无角，头部毛覆盖至两眼连线、前肢至腕关节、后肢至飞节。胸部宽而深，背腰平直，四肢结实，肌肉丰满，肉用体型明显，呈圆桶形。巴美肉羊具有较强的抗逆性和适应性，耐粗饲。

4. 生产性能

成年公羊平均体重 101.2kg，成年母羊 60.5kg。被毛同质白色，闭合良好，密度适中，细度均匀，以 64 支为主，产毛量成年公羊 6.85kg，成年母羊 4.05kg，净毛率 48.42%。巴美肉羊生长发育快，早熟，肉用性能突出。公羔初生重 4.7kg，母羔 4.3kg；育成公羊平均体重 71.2kg；育成母羊 50.8kg；6 月龄羔羊平均日增重 230g 以上，胴体重 24.95kg；屠宰率 51.13%。经产母羊可两年三胎，平均产羔率 151.7%。

八、昭乌达肉羊

昭乌达肉羊是第一个适应北方草原牧区环境条件的草原型肉羊新品种。

1. 产地与分布

昭乌达肉羊主要分布于赤峰市北部的阿鲁科尔沁旗、巴林左旗、右旗、克什克腾旗、翁牛特旗等草原牧业旗。

2. 育成简史

昭乌达肉羊是以德国肉用美利奴羊为父本，当地改良细毛羊为母本，历经 20 年的级进式杂交改良、横交固定与选育提高而育成的肉用特征明显、遗传性能稳定的肉毛兼用型新品种，于 2012 年通过了国家畜禽遗传资源委员会的审定。

3. 外貌特征

昭乌达肉羊被毛白色，体格较大，体质结实，结构匀称，胸部宽而深，背部平直，臀部宽广，肉丰满。

4. 生产性能

6 月龄公羔屠宰后胴体重为 18.9kg，屠宰率为 46.4%。12 月龄羯羊屠宰后胴体重为 35.6kg，屠宰率为 49.8%。初产母羊产羔率为 126.4%，经产母羊产羔率为 137.6%。

九、察哈尔羊

1. 产地与分布

主要位于锡林郭勒盟南部正镶白旗、镶黄旗、正蓝旗等地。

2. 育种简史

察哈尔羊是以德国肉用美利奴羊为父本、内蒙古细毛羊为母本，从 20 世纪 90 年代初开始，通过杂交育种、横交固定和选育提高，培育而成的一个体型外貌基本一致，抗逆性强，肉用性能良好，繁殖率高，遗传性能稳定的优质肉毛兼用羊新品种。2014 年 2 月 13 日被农业部正式命名为"察哈尔羊"。主要分布于锡林郭勒盟南部镶黄旗、正镶白旗和正蓝旗。

3. 外貌特征

察哈尔羊被毛白色，体格较大，体质结实。公羊无角，颈部有发达的皱褶；母羊无角，颈部无皱褶。头部至两眼连线、前肢至腕关节和后肢至飞节均覆盖有细毛。胸部宽而深，背腰平直，后躯丰满，肉用体型明显。

4. 生产性能

18 月龄公羊体重 67.04kg，母羊 55.34kg。6 月龄公羊剪毛量 14.5kg，母羊 4.31kg。6 月龄屠宰率，公羔 47.24%，母羔 47.42%。经产母羊产羔率达 145% 以上。

十、草原短尾羊

1. 产地与分布

原产于呼伦贝尔市鄂温克族自治旗，现主要分布于内蒙古呼伦贝尔市的鄂温克族自治旗境内，陈巴尔虎旗、新巴尔虎右旗和新巴尔虎左旗等周边旗市区有少量分布。

2. 育成简史

草原短尾羊的育成，经历了群体选育和系统选育提高两个阶段。在系统选育提高阶段（2000 年～2018 年），以育种区内的八个育种核心群为基础，建立育种核心群联合体，进行 8 个家系自群繁育，连续选育超过四个世代，形成体格大、体型丰满、产肉性能好的短脂尾肉用绵羊新品种。

3. 外貌特征

体格强壮，结构匀称，背腰平直，胸宽且深，四肢结实，鬐甲部略低于十字部，体躯长方形，后躯宽广丰满，满膘后呈圆桶状。头大小适中，耳大下垂，颈粗短，颈肩结合良好。体躯被毛白色，为异质毛，头部、颈部大部分白色或黄色为主，少量黑、灰色，腕关节及飞节以下允许有有色毛。公羊部分有角，母羊无角。

4. 生产性能

成年公羊体重 76kg，成年母羊体重 56kg。公羔初生重平均为 4.2kg，母羔为 3.8kg；公羊性成熟年龄为 8 月龄，母羊为 7 月龄；公羊、母羊适配年龄均为 18 月龄。妊娠期平均为 150.13d（142～153d），产羔率为 112.10％；羔羊成活率为 98.42％。

十一、戈壁短尾羊

1. 产地与分布

主要分布于内蒙古自治区包头市及毗邻地区。

2. 育成简史

戈壁短尾羊是从苏尼特羊本品种中选育产生的短尾品种，是适应于内蒙古戈壁地区半荒漠化草原生态环境的短脂尾型肉用绵羊新品种，也是第一个在本品种选育并成功命名的肉羊新品种。

3. 外貌特征

体格大，体质结实，结构均匀，公、母羊均无角，头大小适中，鼻梁隆起，耳大下垂，眼大明亮，颈部粗短。种公羊颈部发达，毛长达 15～30cm。背腰平直，体躯宽长，呈长方形，尻高稍高于鬐甲高，后躯发达，大腿肌肉丰满，四肢强壮有力，脂尾小呈纵椭圆形，中部无纵沟，尾端细而尖且向一侧弯曲。被毛为异质毛，毛色洁白，头颈部、腕关节和飞节以下部、脐带周围有有色毛。

4. 生产性能

戈壁短尾羊尾巴小，尾重仅为一公斤左右。生长发育快，生产性能高，肉质优良，适应性强，遗传性稳定，肉用特征明显，既不破坏蒙古羊原有特性和遗传结构，又保留了苏尼特羊肉汁多、鲜美等特点。

十二、鲁西黑头羊

鲁西黑头羊是我国北方农区第一个国审肉羊新品种。

1. 产地与分布

中心产区为山东省聊城市，主要分布在以聊城市东昌府区、阳谷县、冠县、临清市、茌平县为中心的县市及周边地区。目前已推广到新疆、内蒙古、吉林、河北、天津、河南、山西、安徽等8个省、市、自治区。

2. 育成简史

2001年开始用黑头杜泊羊为父本，以小尾寒羊为母本，开展育成杂交，2018年1月通过国家畜禽遗传资源委员会新品种审定。

3. 外貌特征

头颈部被毛黑色，体躯被毛白色，体型高大，结构匀称。公、母羊均无角，瘦尾。头大小适中、额宽，头颈部结合良好。鼻梁隆起、少皱褶。耳大稍下垂。胸宽深、肋骨开张良好、背腰平直、四肢粗壮、后躯丰满、全身呈桶状结构。公羊雄壮，睾丸对称，大小适中，发育良好。母羊清秀，乳房发育良好，富有弹性，乳头分布均匀，大小适中。

4. 生产性能

成年公羊体重102kg，成年母羊体重76.8kg。6月龄公羔平均体重达45kg，屠宰率55%以上，胴体净肉率80%以上。公羊8月龄性成熟，初配年龄 10 月龄。母羊 6 月龄性成熟，常年发情，发情周期 18d，发情持续期 29h，初配年龄 8 月龄，妊娠期 147d。初产母羊产羔率达 150％以上，经产母羊产羔率 220％以上。成年公羊剪毛量 1.5kg～2.0kg，母羊 1.0kg～1.5kg；板皮厚，面积大，质地坚韧、柔软，弹性好。

十三、鲁中肉羊

鲁中肉羊是一种适合我国北方农区和舍饲圈养的专门化肉用绵羊新品种。

1. 产地与分布

主产于山东济南莱芜区及周边地区。

2. 育成简史

21 世纪初期，济南市莱芜区赢泰农牧科技有限公司等单位利用白头杜泊绵羊与湖羊为主要育种素材，历经 15 年，采用常规育种与分子标记辅助选择相结合的技术，经过连续 4 个世代的选育，培育出了体型外貌特征一致、遗传性能稳定、生长快、产肉性能好、繁殖率高、适应性强的鲁中肉羊。2021 年 1 月通过国家畜禽遗传资源委员会审定。

3. 外貌特征

全身被毛白色，头清秀，鼻梁隆起，耳大稍下垂，颈背部结合良好。胸宽深、背腰平直、后躯丰满、四肢粗壮，蹄质坚实，体型呈桶状结构。公、母羊均无角，瘦尾。鲁中肉羊公羊雄壮，睾丸对称，大小适中，发育良好。鲁中肉羊母羊清秀，乳房发育良好，富有弹性，乳头分布均匀，大小适中。

4. 生产性能

成年公羊体重 100kg，成年母羊体重 70kg。6 月龄公羔平均体重达 40kg，屠宰率 50％以上，胴体净肉率 80％以上。公羊 8 月龄性成熟，初配年龄 10 月龄。母羊 7 月龄性成熟，常年发情，发情周期 18d，发情持续期 29h，初配年龄 8 月龄，妊娠期 147d。

十四、乾华肉用美利奴羊

1. 产地与分布

主要分布在吉林省西北部乾安县，属于科尔沁草原与松嫩平原的过渡带，是典型的中东部农牧交错区域。

2. 育成简史

乾华肉用种羊繁育有限公司自 2003 年起以南非肉用美利奴羊为父本，东北细毛羊为母本，采用常规育成杂交技术与现代生物育种技术相结合的方式，经过 15 年的努力育成了产肉性能高、羊毛品质优、抗逆性强，具有自主知识产权的乾华肉用美利奴羊，2018年通过国家畜禽遗传资源委员会新品种审定。

3. 外貌特征

体质结实，结构匀称，体型呈圆桶形，颈部粗壮无皱褶，公、母羊均无角，被毛为白色且呈毛丛结构，闭合性良好，密度大，毛丛弯曲明显，整齐匀称。

4. 生产性能

成年公羊平均体重为 116.21kg，成年母羊体重平均为 97.23kg。育成公羊平均体重为 72.63kg，育成母羊平均体重为 61.63kg。屠宰率均在 50% 以上，胴体净肉率均在 70% 以上。成年公羊平均产毛量为 6.68kg，成年母羊平均产毛量为 4.67kg。育成公羊平均产毛量为 7.56kg，育成母羊平均产毛量为 3.85kg。羊毛细度 20～22μm，净毛率 46%～50%。成年母羊繁殖率 130%～150%。乾华肉用美利奴羊的体重等级评定见表 2-3。

表 2-3　乾华肉用美利奴羊的体重等级评定

年龄	等级	剪毛后体重/kg	
		公羊	母羊
育成 （12 月龄）	特级	≥95	≥75
	一级	85～94	65～74
	二级	75～84	55～64
	等外	<75	<55

续表

年龄	等级	剪毛后体重/kg	
		公羊	母羊
成年 （24月龄）	特级	≥120	≥80
	一级	101～119	75～79
	二级	90～100	70～74
	等外	＜90	＜70

十五、黄淮肉羊

1. 产地与分布

主要分布在河南省中东部、安徽省北部和江苏省西北部，覆盖整个黄淮平原地区，核心产区包括河南省鹤壁市、新乡市、许昌市、漯河市和商丘市，安徽省淮北市、宿迁市及江苏省徐州市。

2. 育成简史

采用传统育种与分子育种相结合的手段，以杜泊羊为父本、小尾寒羊和小尾寒羊杂交羊为母本，经历18年杂交创新、横交固定和群体扩繁三个阶段培育而成，2020年12月通过国家畜禽遗传资源委员会新品种审定。

3. 外貌特征

黄淮肉羊有黑头和白头两个类群。黑头类群头部、颈前部被毛和皮肤呈黑色，体躯被毛和皮肤呈白色，部分羊肛门和阴门周围被毛和皮肤呈黑色；白头类群全身被毛和皮肤均呈白色，无杂毛。黄淮肉羊头脸部清秀，耳中等偏大、稍下垂，公母羊均无角，鼻梁稍隆起，嘴部宽深。公羊颈部粗短，母羊颈部稍细长，公母羊头、颈和肩部均结合良好。胸部宽深，肋骨开张，背腰平直，体质结实，体型丰满呈桶状，后躯肌肉发达。四肢较高且粗壮，蹄质坚实，瘦尾。

4. 生产性能

成年公羊体重为98.1kg，母羊体重为71.7kg，公母羊6月龄育肥体重分别为 58.50kg 和 52.45kg，公母羊屠宰率分别为 56.02％和 53.19％，每只母羊每年提供断奶羔羊数为（2.38±0.14）只。肉质细腻，鲜嫩多汁，肥瘦适中，膻味小，肌肉营养丰富。肌肉脂肪含量为 2.5％，蛋白质含量高于 20％，必需氨基酸/非必需氨基酸比值达到 1.1 以上，不饱和脂肪酸含量高于饱和脂肪酸含量，肉中矿物质元素磷、钙、铁、锌、铜含量丰富。

十六、杜蒙羊

1. 产地与分布

主要分布在内蒙古自治区乌兰察布市四子王旗及毗邻地区。

2. 育成简史

以杜泊羊为父本，蒙古羊为母本，经过杂交创新、横交固定和群体扩繁三个阶段选育而成，经过 20 多年的培育，目前已选育了 20 多万只生产性能高、遗传性能稳定的群体，适应农区舍饲、半农半牧区放牧补饲等多种养殖方式。

3. 外貌特征

杜蒙羊全身为白色异质毛，躯干允许有少量黑斑。杜蒙羊体格中等，体质结实，结构匀称，肌肉丰满，肉用体型明显。头顶部为白色，呈条状或不规则的块状，头部两侧（脸和眼部）为黑色，少数头颈部为全黑。颈长适中，颈肩结合良好。肩宽而结实，胸部宽而深，背腰平直，后躯肌肉丰满，后腿强壮，肛门、生殖器和蹄部可以有色素沉着，少数腿上、腹下部有黑色毛，尾短小。公母羊均无角。

4. 生产性能

杜蒙成年公羊体重为 85.88kg，母羊体重为 62.76kg，公、母羊 6 月龄屠宰率分别为 50.15％和 48.83％，平均胴体重为 24.58kg，经产母羊繁殖率达到了 157％。

十七、新疆细毛羊

新疆细毛羊是新中国成立以来培育的第一个毛肉兼用细毛羊品

种，填补了我国没有细毛羊的空白。

1. 产地与分布

新疆细毛羊中心产区为伊犁哈萨克自治州，主要育成于新源县境内的巩乃斯羊场，分布于新疆各地。

2. 育成简史

新疆细毛羊的培育从 1934 年开始，以高加索和泊列考斯细毛羊为父本，以当地的哈萨克羊和蒙古羊为母本进行杂交改良，在四代杂种羊的基础上经自群繁育、选种选配等育成措施，于 1954 年培育成为我国第一个毛肉兼用细毛羊新品种。

3. 外貌特征

新疆细毛羊体质结实、结构匀称、体躯深长。公羊大多数有角，鼻梁微有隆起，颈部有 1～2 个全或不全的横褶皱，皮肤宽松，胸宽深，背平直，后躯丰满，四肢结实。被毛同质白色，呈毛丛结构，头毛着生至两眼连线，后肢达飞节或飞节以下，腹毛着生良好。

4. 生产性能

成年公羊体高 75.3cm，体长 81.7cm，体重 93kg；成年母羊体高为 65.9cm，体长 72.7cm，体重 46kg；周岁公羊体高为 64.1cm，体长 67.7cm，体重 45kg；周岁母羊体高为 62.7cm，体长 66.1cm，体重 37.6kg。新疆细毛羊每年春季剪毛一次，剪毛量成年公羊 12.2kg，成年母羊 5.5kg。周岁公、母羊的剪毛量分别为 5.4kg 和 5.0kg。羊毛长度成年公、母羊分别为 10.9cm 和 8.8cm，周岁公、母羊均为 8.9cm。净毛率为 49.8%～54.0%。羊毛细度以 64 支为主，油汗以乳白色和淡黄色为主，含脂率为 12.57%。经夏季放牧的 2.5 岁羯羊宰前重为 65.5kg，屠宰率 49.5%，净肉率 40.8%。经夏季育肥的当年羔羊（9 月龄羯羊）宰前重为 40.9kg，屠宰率可达 47.1%。新疆细毛羊 8 月龄性成熟，1.5 岁公、母羊初配，季节性发情，以产冬羔和春羔为主，产羔率为 139%。

十八、中国美利奴羊

中国美利奴羊是我国细毛羊中的一个高水平培育品种。

1. 产地与分布

中国美利奴羊是 1972～1985 年间，由新疆的巩乃斯种羊场、紫泥泉种羊场、内蒙古嘎达苏种畜场和吉林查干花种畜场联合育成的，主要分布在我国北方各省、自治区。

2. 育成简史

1972 年，我国从澳大利亚引进 29 只中毛型澳洲美利奴公羊，开始在 4 个育种场进行中国美利奴羊的培育工作。4 个育种场的基础母羊分别有波尔华斯羊和澳美与波尔华斯杂交羊、新疆细毛羊、军垦细毛羊。在育种过程中，以二、三代中出现的理想型羊只较多，既具有澳洲美利奴羊品质好的特点，又具有原有细毛羊品种适应性强的优点。经过严格选择，各场都选择出一些优良的种公羊，并与理想型母羊进行横交固定，经进一步选择和淘汰不符合要求的个体。1985 年 12 月，经国家经委和农业部组织专家鉴定，认定新品种羊的各项指标已达到预期攻关目标，培育工作取得成功，命名新品种羊为"中国美利奴羊"。

3. 外貌特征

中国美利奴羊体质结实，体形呈长方形，头毛密长，着生至眼线，外形似帽状。鬐甲宽平，胸深宽，背腰长直，宽而平，后躯丰满。四肢结实，肢势端正。公羊有螺旋形角，少量无角，母羊无角。公羊颈部有 1～2 个横皱褶或发达的纵皱褶，母羊有发达的纵皱褶。被毛白色呈毛丛结构，闭合性良好，密度大，全身被毛有明显的大、中弯曲，油汗白色或乳白色，含量适中，分布均匀。各部位毛丛长度和细度均匀，前肢着生至腕关节，后肢着生至飞节，腹毛着生良好，呈毛丛结构。羊毛细度为 60～70 支。

4. 生产性能

母羊平均剪毛后体重 45.85kg，剪毛量 7.21kg，体侧净毛率 60.87％，净毛量 4.39kg，平均毛长 10.48cm。一级母羊平均剪毛后体重 40.9kg，剪毛量 6.41kg，体侧净毛率 60.84%，净毛量 3.9kg，平均毛长 10.2cm。产羔率为 117%～128%。

十九、新吉细毛羊

1. 产地与分布

主要分布在新疆和吉林。

2. 育成简史

1992 年开始，吉林和新疆（包括新疆生产建设兵团）利用引进的细毛型美利奴羊品种，采用扩繁选育和级进杂交等育种技术，采用联合育种，于 2002 年成功培育出细毛羊新品种。

3. 外貌特征

新吉细毛羊体质结实、体侧呈长方形，头毛着生至两眼连线，面部光洁。胸宽深，背腰平直，尻宽而平，后躯丰满，四肢结实。公羊有螺旋形角，母羊无角。公、母羊颈部有纵褶或群褶，皮肤宽松但无明显皱褶。

4. 生产性能

新吉细毛羊羊毛主体细度为 66～70 支，成年公羊净毛产量 6.71kg，毛长 9.98cm，羊毛细度 18.49μm，剪毛后体重 80kg；成年母羊净毛产量 4.12kg，毛长 8.77cm，羊毛细度 20.25μm，剪毛后体重 47.2kg；育成公羊净毛产量 3.64kg，毛长 11.50cm，羊毛细度 19.30μm，剪毛后体重 45.6kg；育成母羊净毛产量 3.58kg，毛长 11.62cm，羊毛细度 18.73μm，剪毛后体重 42.1kg。产羔率为 110%～125%。

二十、苏博美利奴羊

1. 产地与分布

主产于新疆拜城县。

2. 育成简史

苏博美利奴羊是以超细型澳洲美利奴羊为父本，以中国美利奴羊、新吉细毛羊和敖汉细毛羊为母本，采用级进杂交，经过新疆、山东、内蒙古、吉林等省、自治区多个单位连续 14 年的联合育种选育而成，属于超细型细毛羊品种，具有产毛量高、羊毛品质高、繁殖成活率高、抗逆性强、适于放牧饲养等特点。2014 年通过国家畜禽遗传资源委员会新品种审定。

3. 外貌特征

苏博美利奴羊具有美利奴羊的典型外貌特征，体质结实，结构匀称，体形呈长方形，鬐甲宽平，胸深，背腰平直，尻宽而平，后躯丰满，四肢结实，肢势端正。头毛密而长，着生至两眼连线。公羊有螺旋形大角，少数无角，母羊无角。公羊颈部有 2～3 个横皱褶或纵皱褶，母羊颈部有纵皱褶，公、母羊躯体皮肤宽松无皱褶。被毛白色且呈毛丛结构，闭合性良好，密度大，毛丛弯曲明显、整齐均匀，油汗白色或乳白色。

4. 生产性能

羊毛细度为 $17.0\sim19.0\mu m$。成年羊体侧毛长不短于 8.0cm，育成羊不短于 9.0cm。体侧部净毛率不低于 60%，腹毛着生良好。正常的饲养管理条件下，成年公羊净毛量大于或等于 5.0kg，成年母羊净毛量大于或等于 2.5kg，繁殖率在 110%～130%。苏博美利奴羊具有良好的适应性和抗逆性，能够适应西北、东北地区不同海拔高度、寒冷干旱的气候条件和四季放牧、长途转场的饲养条件，抗病性强，繁殖成活率高，适合在新疆、内蒙古、吉林等北方细毛羊主产区推广。

二十一、高山美利奴羊

1. 产地与分布

高山美利奴羊主要育种单位是甘肃省皇城绵羊育种试验场、肃南裕固族自治县皇城区和天祝藏族自治县的广大牧区的乡、村。该品种对海拔 2600m 以上的高寒山区适应性良好。

2. 育成简史

高山美利奴羊是以优秀细型、超细型澳洲美利奴羊为父本，以甘肃高山细毛羊为母本，通过杂交，建立核心群、育种群及改良群三级繁育体系，采用开放式核心群育种、联合育种等现代育法与技术，把羊毛纤维直径、长度、净毛量和体重作为主选指标，在海拔2400～4070m的祁连山寒旱牧区的严酷自然条件下，经过近20年选育而成的毛肉兼用型细毛羊品种，2015年通过国家畜禽遗资源委员会新品种审定。

3. 外貌特征

高山美利奴羊具有美利奴羊的典型外貌特征，体质结实，结构匀称，体形呈长方形。公羊有螺旋形大角或无角，母羊无角。公羊颈部有横皱褶或纵皱褶，母羊颈部有纵皱褶，公、母羊躯体皮肤宽松无皱褶。被毛白色，呈毛丛结构，整齐均匀，密度大，光泽好，闭合性良好，油汗为白色或乳白色，弯曲正常，羊毛纤维直径为19.1～21.5μm。细毛着生在头部至两眼连线，前肢至腕关节，后肢至飞节处。

4. 生产性能

成年公羊平均体重89.25kg，成年母羊平均体重46.97kg。产毛性能优秀，成年公羊羊毛纤维直径19.63μm，毛长10.47cm，剪毛量9.74kg；成年母羊羊毛纤维直径19.92μm，毛长9.30cm，剪毛量4.36kg；育成公羊羊毛纤维直径18.40μm，毛长10.68cm，剪毛量7.18kg，净毛量3.84kg；育成母羊羊毛纤维直径18.89μm，毛长10.56cm，剪毛量4.16kg，净毛量2.39kg。公、母羊6～8月龄性成熟，初配年龄为18月龄；母羊平均发情周期14～18d；繁殖率110%～120%，羔羊成活率90%以上。在放牧饲养条件下，成年羯羊屠宰率48.48%，胴体净肉率75.98%；成年母羊屠宰率48.07%，胴体重平均为22.58kg，胴体净肉率75.34%。该品种具有良好的抗逆性和高海拔地区寒旱生态适应性。

二十二、象雄半细毛羊

1. 产地与分布

主产区为西藏阿里地区札达县，是全国海拔最高的地区之一，主要分布在本地。

2. 育成简史

培育工作是在西藏阿里地区札达县良种场开展的，始于 1964 年，经过 40 多年的选育，初步形成了茨新藏改良绵羊品系，2005 年 7～8 月，受西藏自治区农牧厅委托，自治区农牧厅畜牧兽医推广中心和自治区农科院畜牧兽医研究所等有关专家对良种场半细毛羊育种工作进行了阶段性的鉴定验收并暂命名为"阿里地区毛肉兼用半细毛新品种群"。2018 年 1 月 8 日，象雄半细毛羊入选国家畜禽新品种目录，正式命名为"象雄半细毛羊"国家级新品种。

3. 外貌特征

外观结构坚实，鼻梁稍隆起，头部毛覆盖至两耳根连线处，耳中等长，倾斜下垂，胸部宽深，背腰平直，腹部充实，尻部宽平略斜，大腿丰满，四肢结实，蹄质黄色，体躯圆筒型，前肢毛至关节，后肢毛至飞结。身被毛白色，毛丛结构良好，弯曲一致，羊毛大多中等弯曲，毛密度高，光泽度强，油汗白色或乳白色，腹毛着生良好。公羊大多有螺旋形大角，母羊无角或有小角。

4. 生产性能

成年公羊平均体重 55～62kg，胴体重 20～25kg。成年母羊平均体重 35～45kg，胴体重 22～27kg，周岁公羊平均体重 15～20kg，胴体重 8～16kg，周岁母羊平均体重 13～19kg，胴体重 7～14kg。成年羊平均产毛量 2.8kg，羊毛细度在 56～58 支之间。

二十三、彭波半细毛羊

1. 产地与分布

中心产区位于拉萨市林周县南部原渗波农场，及林周县所辖的几个乡，主要分布在日喀则、山南、拉萨市的河谷巴等地区。彭波半细毛羊是西藏自治区培育的半细毛羊新品种。2007 年国家畜禽遗传资源委员会审定，定名为彭波半细毛羊。目前群体规模为 6 万多只。

2. 育成简史

以当地藏羊为母本，以新疆细毛羊、苏联美利奴羊等羊品种为父本，在经过多年杂交改良基础上，又引进茨盖羊、边区莱斯特羊等品种进行育成杂交，经过系统选育而形成新品种。

3. 外貌特征

体质结实，结构匀称，体躯呈圆形。头中等大，平直。公羊大多数有螺旋形大角，母羊无角或有小角。眼大有神，公羊鼻梁稍微隆起，母羊鼻梁平直。耳大，向前向下。胸宽深，背腰平直。四肢粗壮，蹄质坚实。尾较长呈圆锥形。骨骼结实，肌肉发育良好。被毛白色，偶在唇、鼻镜及四肢有小的皮肤色斑。

4. 生产性能

剪毛量公羊为（2.16±0.47）kg，母羊为（1.83±0.45）kg，毛长公羊为（9.08±1.24）cm，母羊为（8.63±1.45）cm。细度50～58支，净毛率为50%～55%。成年羯羊屠宰率为45%，放牧肥育的当年羯羔胴体重达10kg以上。性成熟期8～9个月，初配年龄1.5～2.5岁，秋季发情，产羔率80.37%，年产一胎，产双羔极少。

二十四、澳洲美利奴羊

1. 产地与分布

原产于澳大利亚，现已分布于世界各大洲许多国家。

2. 育成简史

澳洲美利奴羊是目前世界上最著名的细毛羊品种，它是在澳大利亚特定的自然气候和饲养管理条件下，从1788年开始，由英国及南非引进的西班牙美利奴羊，以及从德国引入的撒克逊美利奴羊，从法国和美国引入的兰布列羊等品种进行杂交，经过100多年有计划的育种工作培育而成。

3. 外貌特征

澳洲美利奴羊体形近似长方形，腿短，体宽，背部平直，后肢肌肉丰满。公羊颈部有 1～3 个发育完全或不完全的横皱褶，母羊有发达的纵皱褶。每种类型又分为有角羊和无角羊两种。澳洲美利奴羊的被毛毛丛结构良好，毛密度大，细度均匀，油汗白色，弯曲弧度均匀、整齐而明显，光泽良好。羊毛覆盖头部至两眼连线，前肢达腕关节，后肢达飞节。

4. 生产性能

澳洲美利奴成年公羊，剪毛后体重平均为 90.8kg，剪毛量平均为 16.3kg，毛长平均为 11.7cm。细度均匀，羊毛细度为 20.79～26.4μm，有明显的大弯曲，光泽好，净毛率为 48.0%～56.0%。油汗呈白色，分布均匀，油汗率为 21.0%。澳洲美利奴羊具有毛被毛丛结构好、羊毛长、油汗洁白、弯曲呈明显大中弯、光泽好、剪毛量和净毛率高等优点。主要为毛用型羊。

5. 利用情况

1972 年以来，我国多次从澳大利亚引入该品种羊，分别饲养在黑龙江、吉林、新疆、内蒙古等省、自治区。我国育成的一些细毛羊品种，很多引入了澳洲美利奴羊的血液，对于我国细毛羊羊毛品质的改善和羊毛产量的提高有积极作用。

二十五、考力代羊

1. 产地与分布

原产于新西兰，现主要分布在美洲、亚洲和南非。

2. 育成简史

考力代羊是用林肯公羊与美利奴母羊杂交选育而成的毛肉兼用半细毛羊。

3. 外貌特征

全身被毛白色，公、母羊均无角，颈短而宽，背宽深平直，后躯丰满。四肢结实，长度中等。

4. 生产性能

成年公羊体重 100～115kg，剪毛量 11～12kg，成年母羊体重

60～65kg，剪毛量 5～6kg。羊毛长度 12～14cm，细度 50～56 支，净毛率 60％～65％。产羔率 125％～130％。羔羊生长发育快，4 月龄羔羊体重可达 35～40kg。

5. 利用情况

我国 1946 年由新西兰输入考力代羊 900 多只，分别饲养在江苏、浙江、山东、河北、甘肃等地。后来又从新西兰、澳大利亚多次引入这一品种用来改良本地绵羊，引进后主要用于培育我国各地的半细毛羊品种（群），效果十分明显。考力代羊是东北半细毛羊、贵州半细毛羊，以及山西陵川半细毛羊新类群的主要父系品种之一。

二十六、萨福克羊

1. 产地与分布

原产于英国英格兰东南部的萨福克、诺福克、剑桥和艾塞克斯等地。现分布于北美、北欧、澳大利亚、新西兰、俄罗斯和中国。

2. 育成简史

该品种羊是以南丘羊为父本，以当地体型较大、瘦肉率高的黑头有角诺福克羊为母本进行杂交培育，于 1859 年育成，属大型肉羊品种。

3. 外貌特征

萨福克羊公母均无角，体躯白色，头和四肢黑色，体质结实，结构匀称，鼻梁隆起，耳大，颈长而宽厚，鬐甲宽平，胸宽，背腰宽广平直，腹大紧凑，肋骨开张良好，四肢健壮，蹄质结实，体躯肌肉丰满，呈长桶状。前、后躯发达。

4. 生产性能

成年公羊体重 113～159kg，成年母羊 81～113kg。剪毛量成年公羊 5～6kg，成年母羊 2.25～3.6kg，毛长 7～8cm，细度 50～58 支，净毛率 50％～62％。产羔率 141.7％～157.7％。产肉性能好，经肥育的 4 月龄公羔胴体重 24.2kg，4 月龄母羔为 19.7kg。

5. 利用情况

我国从 20 世纪 70 年代起先后从澳大利亚、新西兰等国引进，主要分布在新疆、内蒙古、宁夏、吉林、河北、山东和甘肃等省、自治区，适应性和杂交改良地方绵羊效果显著。由于该品种羊头和四肢为黑色，被毛中有黑色纤维，其杂交后代被毛杂色，在细毛羊主产区不宜应用。萨福克羊的分级标准见表 2-4。

表 2-4　萨福克羊的分级标准

年龄	等级	公羊				母羊			
		体高 /cm	体长 /cm	胸围 /cm	体重 /kg	体高 /cm	体长 /cm	胸围 /cm	体重 /kg
3 月龄	特	60.0	60.0	70.0	33.0	56.0	55.0	66.0	29.0
	一	58.0	58.0	66.0	30.0	54.0	53.0	63.0	26.0
	二	55.0	55.0	63.0	26.0	51.0	50.0	60.0	23.0
6 月龄	特	76.0	76.0	90.0	55.0	71.0	70.0	83.0	50.0
	一	71.0	71.0	85.0	50.0	66.0	65.0	79.0	45.0
	二	66.0	66.0	80.0	45.0	61.0	60.0	75.0	40.0
周岁	特	88.0	88.0	105.0	105.0	75.0	74.0	90.0	85.0
	一	83.0	83.0	98.0	95.0	70.0	69.0	83.0	75.0
	二	78.0	78.0	93.0	85.0	65.0	64.0	78.0	65.0
成年	特	95.0	94.0	110.0	135.0	82.0	81.0	95.0	105.0
	一	90.0	89.0	104.0	125.0	76.0	75.0	90.0	95.0
	二	85.0	84.0	98.0	115.0	71.0	70.0	85.0	80.0

二十七、白萨福克羊

1. 产地与分布

原产于澳大利亚，现分布于各大洲。

2. 育成简史

白萨福克羊是用萨福克羊分别与无角陶赛特边区莱斯特羊杂交，在二代选择全身白色和生长速度快的个体培育而成的。1986

年澳大利亚成立萨福克羊品种协会。

3. 外貌特征

白萨福克羊在体型上与萨福克羊相近，但头、腿均为白色。体格大，颈长而粗，胸宽而深，平直，后躯发育丰满，呈圆桶状，公、母羊均无角。四肢粗壮。早熟，生长快，肉质好，繁殖率很高，适应性很强。在绵羊杂交体系中可作为终端父本。

4. 生产性能

成年公羊体重 100～135kg，成年母羊 70～90kg，4 月龄羔羊胴体重 24kg，肉嫩脂少。剪毛量 3～4kg，毛长 7～8cm，细度 56～58 支。产羔率 150％～190％。

5. 利用情况

我国引入的白萨福克羊主要分布在内蒙古、辽宁、北京和甘肃等地。

二十八、无角陶赛特羊

1. 产地与分布

原产于大洋洲的澳大利亚和新西兰，现分布于各大洲。

2. 育成简史

该品种是以雷兰羊和有角陶赛特羊为母本，考力代羊为父本进行杂交，杂种羊再与有角陶赛特公羊回交，然后选择所生的无角后代培育而成。

3. 外貌特征

无角陶赛特羊体质结实，头短而宽，公、母羊均无角，颈短粗，胸宽深，背腰平直，后躯丰满，四肢粗短，整个躯体呈圆桶状，面部、四肢被毛为白色。

4. 生产性能

无角陶赛特羊体格较大，成年公羊体重 80～100kg，成年母羊为 56～80kg；产毛量 2～4kg，毛长 7.5～10.0cm，羊毛细度 27～32μm，净毛率 60％～65％。无角陶赛特羊生长发育快、早熟，能全年发情配种产羔，经过肥育的 4 月龄羔羊，胴体重公羔为 22kg，母羊为 19.7kg，而且胴体质量高。无角陶赛特羊的产羔率为 120%～150%。无角陶赛特羊的分级标准见表 2-5。

表 2-5 无角陶赛特羊的分级标准

年龄	等级	公羊				母羊			
		体高/cm	体长/cm	胸围/cm	体重/kg	体高/cm	体长/cm	胸围/cm	体重/kg
3 月龄	特	58.0	58.0	70.0	32.0	55.0	55.0	69.0	29.0
	一	55.0	55.0	66.0	27.0	51.0	51.0	65.0	25.0
	二	52.0	51.0	63.0	22.0	49.0	48.0	62.0	20.0
6 月龄	特	72.0	72.0	85.0	52.0	67.0	67.0	80.0	50.0
	一	67.0	67.0	80.0	46.0	62.0	62.0	75.0	43.0
	二	62.0	62.0	75.0	41.0	57.0	57.0	70.0	37.0
周岁	特	85.0	86.0	100.0	100.0	71.0	71.0	90.0	78.0
	一	80.0	81.0	95.0	88.0	66.0	66.0	86.0	68.0
	二	75.0	76.0	90.0	78.0	61.0	61.0	81.0	58.0
成年	特	90.0	91.0	105.0	120.0	77.0	77.0	90.0	85.0
	一	85.0	86.0	100.0	110.0	71.0	71.0	85.0	75.0
	二	80.0	81.0	95.0	105.0	66.0	66.0	80.0	68.0

5. 利用情况

我国河北、新疆、内蒙古、北京、江苏、甘肃和山西等地已先后引入，与当地羊杂交改良效果显著。

二十九、特克塞尔羊

1. 产地与分布

原产于荷兰，现分布于北欧各国、澳大利亚、新西兰、美国、秘鲁、非洲和亚洲一些国家。

2. 育成简史

19 世纪中叶，用林肯羊、莱斯特羊与荷兰北海岸特克塞尔岛的老特克塞尔羊杂交，经长期选择培育而成。

3. 外貌特征

该品种公母羊均无角，全身毛白色，鼻镜、唇及蹄冠褐色。体质结实，结构匀称。头清秀无长毛，鼻梁平直而宽，眼大有神，口方，耳中等大小，肩宽深，鬐甲宽平，胸拱圆，颈宽深，头、颈、肩结合良好，背腰宽广平直，肋骨开张良好，四肢健壮，蹄质结实。特克塞尔羊属于中大型的肉羊品种，具有繁殖率高，早期生长发育快，肉质好，对寒冷气候有良好的适应性，瘦肉率高等特点。特克塞尔羊对热应激反应较强，在气温30℃以上需采取必要的防暑措施，避免高温造成损失。

4. 生产性能

周岁公羊体重 78.6kg，周岁母羊 66.0kg，2 岁公羊 98.0kg，2 岁母羊 74.0kg，成年公羊 115～130kg，成年母羊 75～80kg。平均产毛量公羊 5.0kg，母羊 4.5kg。净毛率 60%，羊毛长度 10～15cm，羊毛细度 48～50 支。屠宰率 56%～60%。产羔率 150%～160%。特克赛尔羊的分级标准见表 2-6。

表 2-6　特克赛尔羊的分级标准

年龄	等级	公羊				母羊			
		体高/cm	体长/cm	胸围/cm	体重/kg	体高/cm	体长/cm	胸围/cm	体重/kg
3 月龄	特	59.0	60.0	70.0	32.0	55.0	56.0	69.0	29.0
	一	56.0	57.0	66.0	28.0	52.0	53.0	66.0	25.0
	二	54.0	55.0	63.0	25.0	50.0	52.0	63.0	22.0
6 月龄	特	75.0	73.0	86.0	53.0	70.0	68.0	81.0	48.0
	一	70.0	67.0	81.0	48.0	65.0	63.0	76.0	43.0
	二	65.0	63.0	76.0	42.0	60.0	58.0	71.0	38.0
周岁	特	87.0	86.0	100.0	100.0	73.0	72.0	90.0	78.0
	一	82.0	81.0	96.0	90.0	68.0	67.0	83.0	70.0
	二	77.0	76.0	91.0	80.0	63.0	62.0	75.0	62.0

年龄	等级	公羊				母羊			
		体高 /cm	体长 /cm	胸围 /cm	体重 /kg	体高 /cm	体长 /cm	胸围 /cm	体重 /kg
成年	特	92.0	91.0	106.0	120.0	80.0	80.0	90.0	90.0
	一	87.0	86.0	102.0	115.0	73.0	73.0	85.0	80.0
	二	82.0	81.0	96.0	110.0	68.0	67.0	80.0	70.0

5. 利用情况

20世纪60年代初法国曾赠送给我国一对特克塞尔羊，当时饲养在中国农业科学院畜牧研究所（现中国农业科学院北京畜牧兽医研究所），1996年该所又引入少量该品种；1995年黑龙江大山种羊场引进特克塞尔公羊10只，母羊50只；2001年河北从澳大利亚引进该品种，公羊18只，母羊200只，饲养在河北威特公司，随后很多省、市又从澳大利亚引进该品种。各地利用该品种与我国的湖羊、东北细毛羊和小尾寒羊等地方品种进行杂交，均取得了较好的杂交效果。

三十、夏洛莱羊

1. 产地与分布

原产于法国中部的夏洛来丘陵和谷地，该品种在英国、德国、比利时、瑞士、西班牙、葡萄牙及东欧的一些国家都有饲养。我国从20世纪80年代末开始引入。

2. 育成简史

1820年以后，法国夏洛来地区农户引入英国莱斯特羊与当地羊杂交，形成一个比较一致的品种类型，1963年命名为夏洛莱羊，1974年法国农业部正式承认该品种。

3. 外貌特征

夏洛莱羊头部无毛，脸部呈粉色，额宽、耳大。体躯长，胸宽深、背部平直，肌肉丰满，后躯宽大。两后肢距离大，肌肉发达，呈倒"U"字形，四肢较短。被毛同质，白色。

4. 生产性能

体重成年公羊 100～150kg，成年母羊 75～95kg；羔羊生长发育快，6 月龄公羔体重 48～53kg，母羔 38～43kg；7 月龄出售的种羊标准：公羔 50～55kg，母羔 40～45kg。夏洛莱羊毛长 7cm 左右，细度 50～60 支。胴体质量好、瘦肉多、脂肪少，屠宰率在 55% 以上。产羔率高，经产母羊为 182.37%，初产母羊为 135.32%，是生产肥羔的优良品种。夏洛莱羊的分级标准见表 2-7。

表 2-7　夏洛莱羊的分级标准

年龄	等级	公羊				母羊			
		体重 /kg	体高 /cm	体长 /cm	胸围 /cm	体重 /kg	体高 /cm	体长 /cm	胸围 /cm
12 月龄	特级	≥100	≥73	≥103	≥120	≥82	≥66	≥97	≥108
	一级	≥90	≥71	≥95	≥112	≥75	≥64	≥85	≥100
	二级	≥85	≥68	≥90	≥100	≥63	≥61	≥77	≥83
	等外	低于二级标准							
24 月龄	特级	≥130	≥74	≥105	≥122	≥95	≥67	≥98	≥110
	一级	≥110	≥72	≥97	≥118	≥80	≥65	≥88	≥105
	二级	≥100	≥69	≥92	≥103	≥65	≥61	≥80	≥85
	等外	低于二级标准							

5. 利用情况

我国在 20 世纪 80 年代末至 90 年代初，由内蒙古畜牧科学院、河北、河南、辽宁、山东等地分别引入。除进行纯种繁殖外，还利用其同当地粗毛羊杂交生产羔羊。

三十一、杜泊羊

1. 产地与分布

原产于南非，现分布于非洲、澳大利亚、美国和中国等地。

2. 育成简史

用从英国引入的有角陶赛特品种公羊与当地的波斯黑头品种母羊杂交，经选择和培育育成肉用绵羊品种。南非于1950年成立杜泊肉用绵羊品种协会，促使该品种得到迅速发展。

3. 外貌特征

该品种被毛呈白色，有的头部黑色，被毛由有髓毛和无髓毛组成，但毛稀、短，春、秋季节自动脱落，只有背部留有一片保暖，不用剪毛。杜泊羊身体结实，能适应炎热、干旱、潮湿、寒冷等多种气候条件，采食性能良好。

4. 生产性能

该品种生长快，成熟早，瘦肉多，胴体质量好；母羊繁殖力强，发情季节长，母性好。成年公羊体重100~110kg，成年母羊75~90kg，成年母羊产羔率140%。杜泊羊的分级标准见表2-8。

表 2-8　杜泊羊的分级标准

年龄	等级	公羊				母羊			
		体高/cm	体长/cm	胸围/cm	体重/kg	体高/cm	体长/cm	胸围/cm	体重/kg
3月龄	特	60.0	60.0	70.0	33.0	55.0	55.0	66.0	26.0
	一	58.0	57.0	66.0	28.0	53.0	53.0	63.0	23.0
	二	55.0	54.0	62.0	23.0	51.0	51.0	60.0	20.0
6月龄	特	75.0	75.0	87.0	53.0	70.0	70.0	83.0	48.0
	一	70.0	70.0	83.0	48.0	65.0	65.0	78.0	44.0
	二	65.0	64.0	78.0	43.0	60.0	59.0	72.0	39.0
周岁	特	87.0	87.0	100.0	100.0	73.0	72.0	90.0	78.0
	一	82.0	82.0	96.0	90.0	68.0	67.0	83.0	68.0
	二	77.0	77.0	91.0	80.0	63.0	62.0	75.0	63.0
成年	特	93.0	92.0	106.0	120.0	80.0	80.0	90.0	90.0
	一	88.0	87.0	102.0	115.0	75.0	75.0	86.0	80.0
	二	83.0	82.0	96.0	110.0	69.0	68.0	82.0	70.0

5. 利用情况

我国于 2001 年 5 月由山东省东营市首次引进。河南、河北、北京、辽宁、宁夏、陕西等省、市、自治区近年来已有引进。用其与当地羊杂交，效果显著。

三十二、澳洲白羊

1. 产地与分布

该品种是澳大利亚于 2009 年育成的专门化肉用品种。

2. 育成简史

该品种是白杜泊羊、万瑞羊、无角陶赛特羊和特克塞尔羊等品种经过复杂杂交育成的，也是对特定基因进行检测、选择的结果，其特点是体型大、生长快、成熟早、全年发情，有很好的自动换毛能力。

3. 外貌特征

被毛白色，在耳朵和鼻偶见小黑点，季节性换毛，头部和腿被毛短。蹄甲有色素沉积，呈暗黑灰色。头部中等宽度，下颌宽大结实，鼻梁宽大，略微隆起，鼻孔大，耳中等大小，半下垂，公、母羊均无角；颈部长短适中，宽厚结实；腰背平直；体高，胸部宽深，呈长筒形；前腿垂直，粗大有力；后腿分开宽度适中，上部肌肉发达；臀部宽深长，肌肉发达饱满，后视呈方形。

4. 生产性能

8 月龄、12 月龄、24 月龄澳洲白公羊的体重分别是（62.7±6.9）kg、（89.3±7.8）kg、（124.1±11.7）kg；母羊分别是（54.7±4.5）kg、（71.3±7.0）kg、（90.6±14.4）kg。在放牧条件下，澳洲白羊 5～6 月龄胴体重可达到 23kg，舍饲条件下，该品种 6 月龄胴体重可达 26kg，且脂肪覆盖均匀，板皮质量佳。作为终端父本，可以产出在生长速率、个体重量、出肉率和出栏周期短等方面理想的商品羔羊。澳洲白母羊初情期为 5 月龄，适宜的配种年龄为 8～10 月龄，发情周期为 14～19d，平均为 17d，发情持续时间为 29～

32h，产羔率 120％～150％，常年发情。澳洲白羊体尺和体重指标
见表 2-9。

表 2-9　澳洲白羊体尺和体重指标

性别	年龄	体重/kg	体高/cm	体长/cm	胸围/cm
公	3 月龄	33	—	—	—
	6 月龄	55	58	55	80
	12 月龄	80	70	75	95
	24 月龄	95	75	85	100
母	3 月龄	30	—	—	—
	6 月龄	50	55	55	75
	12 月龄	70	65	70	85
	24 月龄	80	70	75	95

注：符合本品种外貌特征，体尺和体重指标达到该表数据为一级羊，超过 15％的为
特级羊，低于 15％的为二级羊。

5. 利用情况

2012 年我国从澳大利亚 HVD 育种公司引进，目前在我国天
津、河北、内蒙古、甘肃等地饲养效果良好，杂交改良效果明显。

三十三、德国美利奴羊

1. 产地与分布

原产于德国，在东欧等地分布较多。

2. 育成简史

用泊列考斯羊和英国莱斯特公羊与德国地方美利奴羊杂交培育
而成。

3. 外貌特征

德国美利奴羊属于肉毛兼用细毛羊，其特点是体格大，成熟
早，胸宽深，背腰平直，肌肉丰满，后躯发育良好，公、母羊均无
角。该品种耐粗饲，生长发育快，肉用性能好。

4. 生产性能

成年公羊体重 90～100kg，成年母羊 60～65kg。成年公羊剪

毛量 10～11kg，成年母羊 4.5～17.5kg，毛长 7.5～9.0cm，细度 60～64 支，净毛率 45％～52％。产羔率 140％～175％。德国美利奴羊生长发育快、早熟，6 月羔羊体重可达 40～45kg，胴体重 19～23kg，屠宰率 47％～51％。

5. 利用情况

我国在 20 世纪 50 年代末和 60 年代初由德国引入千余只，以后又多次引入，分别饲养在辽宁、内蒙古、山西、河北、山东、安徽、江苏、河南、陕西、甘肃、青海、云南等省、自治区。曾参与了内蒙古细毛羊、阿勒泰肉用细毛羊、巴美肉羊等品种的育成。

三十四、南非肉用美利奴羊

1. 产地与分布

原产于南非，现分布于澳大利亚、新西兰、美洲及亚洲一些国家。

2. 育成简史

南非于 20 世纪 30 年代引入德国肉用美利奴羊，按照南非农业部选种方案育成，1971 年确认育成了独特的非洲品系，并被命名为南非肉用美利奴羊。

3. 外貌特征

该品种公母无角，体大宽深，胸部开阔，臀部宽广，腿粗壮坚实，生长速度快，产肉性能好。

4. 生产性能

100 日龄羔羊体重可达 35kg。成年公羊体重 100～110kg，成年母羊 70～80kg，成年公羊剪毛量 5kg，母羊 4kg，羊毛细度 21μm。母羊 9 月龄性成熟，平均产羔率 150％。

5. 利用情况

我国从 20 世纪 90 年代开始引进，主要分布在新疆、内蒙古、北京、山西、辽宁和宁夏等省、市、自治区。新疆农垦科学院利用南非肉用美利奴公羊与体格大、产肉性能相对较高的中国美利奴母羊杂交，经 2～3 代横交选育，培育出了中国美利奴羊肉用品系。

三十五、东佛里生羊

1. 产地与分布

原产于荷兰和德国西北部，是目前世界绵羊品种中产奶性能最好的品种。

2. 育成简史

该品种是在原产地经过长期人工选择培育而成的早熟乳肉兼用品种。

3. 外貌特征

该品种体格大，体型结构良好，公母羊均无角。被毛白色，偶有纯黑色个体。体躯宽而长，腰部结实，肋骨拱圆，臀部略有倾斜，长瘦尾，无绒毛；乳房结构优良，宽广，乳头良好。对温带气候条件有良好的适应性。

4. 生产性能

成年公羊体重 90～120kg，成年母羊 70～90kg。成年公羊剪毛量 5～6kg，成年母羊 3.5～4.5kg。羊毛同质，成年公羊毛长 20cm，成年母羊 16～20cm，羊毛细度 46～56 支，净毛率 60％～70％。成年母羊 260～300d 产奶量为 550～810kg，乳脂率 6％～6.5％，产羔率 200％～230％。该品种是目前世界绵羊品种中产奶量最高的品种。

5. 利用情况

我国辽宁、北京、内蒙古和河北等地已有引进。主要用于杂交改良本地绵羊，改良后杂种羊泌乳性能增强。

三十六、南丘羊

1. 产地与分布

因原产于英格兰东南部丘陵地区而得名，原名叫丘陵羊。该品种在欧洲各国、非洲、大洋洲、美洲主要养羊国家均有饲养。

2. 育成简史

南丘羊为短毛型肉用绵羊引入品种，18世纪后期育成，是英国最古老的绵羊品种之一。

3. 外貌特征

南丘羊的嘴、唇、鼻端为黑色，体格中等，公、母均无角。体呈圆形，颈短而粗，背平体宽，肌肉丰满，腿短。

4. 生产性能

南丘羊周岁公羊体重100～110kg，母羊体重72～90kg。剪毛量2～2.5kg，毛长5～8cm，毛细度50～60支。产羔率100%～120%，胴体品质好，屠宰率达60%以上。

5. 利用情况

我国多个地区都对该羊进行了引种繁育，在杂交改良本地绵羊生产羔羊肉方面较好。

第三章
主要山羊良种介绍

我国山羊品种资源丰富，到2023年底，拥有山羊品种87个，现介绍生产中常见的16个品种。

一、辽宁绒山羊

1. 产地与分布

辽宁绒山羊原产于辽宁省辽东半岛步云山周围各县，中心产区为盖县东部山区。

2. 外貌特征

辽宁绒山羊公、母羊均有髯，公、母羊均有角，公羊角粗大，向两侧螺旋式伸展，母羊角向后上方呈捻曲伸出。体躯结构匀称，体质结实，体格较大，被毛为全白色，外层为粗毛，内层为绒毛，被毛光泽好。

3. 生产性能

据辽宁绒山羊原种场测定，成年公羊平均产绒量1454.5g，成年母羊平均产绒量671.6g。绒毛长度成年公羊6.8cm，成年母羊6.3cm。细度在16.5μm左右。净绒率达70%以上。羔羊5月龄左右性成熟，一般在1岁左右初配，产羔率110%～120%。

二、内蒙古绒山羊

1. 产地与分布

内蒙古绒山羊主要分布在内蒙古自治区中西部地区。分布于二狼山地区、阿尔巴斯地区和阿拉善左旗地区。目前内蒙古绒山羊品种有阿尔巴斯、二狼山和阿拉善3种类型。

2. 外貌特征

体质结实，公、母羊均有角，公羊角粗大，向上向后外延伸，母羊角相对较小。体躯深长，背腰平直，整体似长方形。全身被毛纯白，外层为粗毛，内层为绒毛。

3. 生产性能

成年公羊体重45～52kg，成年母羊30～45kg，外层为光泽良好的粗毛，长12～20cm，细度88.3～88.8μm；内层绒毛长5.0～6.5cm，细度12.1～15.1μm。成年公羊产绒量400～600g，成年母羊产绒量350～450g，净绒率72%。母羊产羔率100%～105%。

三、长江三角洲白山羊

1. 产地与分布

长江三角洲白山羊原产于我国东海之滨的长江三角洲，是我国生产笔料毛的独特品种，主要分布于南通、苏州、扬州、镇江，浙江省的嘉兴、杭州、宁波、绍兴和上海市郊县也有分布。

2. 外貌特征

该品种羊只体格中等偏小，公、母均有角，有髯，头呈三角形，面微凹。全身被毛紧密，毛色洁白，富有光泽，大多数公羊有较长的额毛。羊毛细直有峰，弹性好，是制笔的上等原料，所制湖笔笔锋尖锐整齐，丰满圆润，具有独特风格，驰名于世。山羊笔料毛的产量和质量与羊只性别、年龄、体重、阉割及屠宰季节、饲养管理条件等均有密切关系，以当年去势小公羊毛最好。

3. 生产性能

成年公羊体重28.58kg，母羊18.43kg，周岁羊体重为15～16kg。屠宰率周岁羊（带皮）49%，成年羊52%。该羊繁殖能力强，大多两年产三胎，产羔率230%左右。板皮质地致密柔韧，皮张呈方形，属汉口路。

四、南江黄羊

1. 产地与分布

南江黄羊主要分布在四川省南江县及其周边地区。

2. 育种简史

20世纪60年代开始，以努比亚山羊、成都麻羊为父本，南江县本地山羊、金堂黑山羊为母本，采用复杂育成杂交方法培育而成，1998年被农业部批准为肉羊新品种。

3. 外貌特征

南江黄羊公、母羊大多数有角，头型较大，耳长大，部分羊耳微下垂，颈较粗，体格高大，背腰平直，后躯丰满，体躯近似圆筒形，四肢粗壮。被毛呈黄褐色，毛短而紧贴皮肤、富有光泽，面部多呈黑色，鼻梁两侧有一条浅黄色条纹。公羊从头顶部至尾根沿脊背有一条宽窄不等的黑色毛带。前胸、颈、肩和四肢上端着生黑而长的粗毛。

4. 生产性能

南江黄羊具有体格大、生长发育快、四季发情、繁殖率高、泌乳力好、抗病力强、耐粗放饲养、适应能力强、产肉力高及板皮质量好的特性。成年公羊体重为66.87kg、成年母羊体重为45.64kg。6月龄屠宰前体重可达21.55kg，胴体重9.71kg，净肉重7.09kg，屠宰率47.01%；周岁羊上述指标相应为30.78kg、15.04kg、11.13kg和49%。南江黄羊常年发情，8月龄可配种，能一年产两胎或两年产三胎，双羔率达70%以上，群体产羔率205.42%。该品种因含努比亚山羊的血液，而具有较好的产乳力。板皮质量优良，保存了成都麻羊板皮的品质特性。

五、关中奶山羊

1. 产地与分布

关中奶山羊原产于陕西的渭河平原（又称关中盆地），现主要分布在关中盆地的富平、蒲城、泾阳、三原、扶风、千阳、宝鸡、渭南、临潼、蓝田等县。

2. 育成简史

关中奶山羊是利用萨能奶山羊杂交地方山羊，经长期选育提高而育成的乳用品种。

3. 外貌特征

关中奶山羊体质结实，乳用型明显，具有头、颈、躯干、四肢长的"四长"特征。公羊头大，额宽，眼大耳长，鼻直嘴齐。颈粗，胸部宽深，背腰平直，外形雄伟，尻部宽长，腹部紧凑。母羊乳房大，多呈圆形，质地柔软，乳头大小适中。公、母羊四肢结实，肢势端正，蹄质结实，呈蜡黄色。毛短色白，皮肤粉红色，部分羊耳、鼻、唇及乳房有大小不等的黑斑。

4. 生产性能

成年公羊体重 65kg 以上；成年母羊体重 45kg 以上。在一般饲养条件下，优良个体平均产奶量一胎 450kg、二胎 520kg、三胎 600kg、高产个体 700kg 以上，乳脂率 3.8%。一胎产羔率平均 130%，二胎以上产羔率平均 174%。

六、崂山奶山羊

1. 产地与分布

崂山奶山羊主要分布在山东东部、胶东半岛及鲁中南等地区。

2. 育成简史

主要是利用引进的萨能奶山羊与青岛崂山等地的地方山羊杂交，经长期选育提高而育成的奶山羊品种。

3. 外貌特征

崂山奶山羊毛色纯白，毛细短，皮肤呈粉红色，富有弹性，成年羊头部、耳及乳房皮肤多有淡黄色斑。公、母羊多无角，体质结实，头长额宽，鼻直、眼大、嘴齐、耳薄。公羊颈粗短，母羊颈薄长。胸部宽广，肋骨开张良好，背腰平直，尻略向下斜。母羊腹大

而不下垂，乳房附着良好，基部宽广，上方下圆，乳头大小适中。

4. 生产性能

成年公羊体高 80～88cm、体重 80.1kg，成年母羊相应为 68～74cm 和 49.6kg。母羊平均产奶量 497kg。当年母羔一般在 8 月龄以上、体重 30kg 以上即参加配种，产羔率平均为 180％。

七、文登奶山羊

1. 产地与分布

文登奶山羊中心产区位于山东省文登区文城镇峰山一带。主要分布于文登市界石、葛家、小观、泽头、米山、汪疃、文登营、大水泊等镇，以及相邻的荣成、乳山、环翠、牟平等市（区）的部分乡镇。

2. 育成简史

以西农萨能奶山羊为父本，以文登本地山羊为母本，采用级进杂交、选种选配、横交固定、选育提高等方法，经过 30 多年时间选育而成，2009 年由国家畜禽遗传资源委员会审定为新品种。

3. 外貌特征

乳用型明显，乳房基部宽广、前突后伸、质地柔软、形状方圆，乳头大小适中。全身背毛白色，短毛。皮肤粉红色，随年龄增长，部分羊只的耳、乳房、面部出现黑色斑点。头长、额宽、鼻直、口方。有角无角皆有，无角占多数，角形呈倒八字，稍向后弯曲。颈下有肉垂或无肉垂。母羊头长、颈长、体长和腿长，前胸丰满，背腰平直，腹大不下垂。公羊雄壮，颈粗，腹部紧凑，四肢粗壮，四蹄端正，生殖器官发育良好，睾丸对称。

4. 生产性能

在放牧和舍饲的环境下，母羊年产奶天数为 250～270d，一胎产奶量 600kg 以上，二胎 800kg 以上，三胎及三胎以上 850kg 以上，年产奶量达 800kg 以上。母羊为季节性多次发情，配种时间集中于 9～11 月，产羔时间集中于翌年 2～4 月，怀孕期平均为 150.44 天。平均产羔率 200％，其中一胎母羊 160％，二胎 200％，三胎以上 220％。利用年限 5～6 年，最长为 9 年。

八、晋岚绒山羊

1. 产地与分布

晋岚绒山羊主产于山西省岢岚县，也先后被引入山西省的阳曲县、黎城县、永和县等县区和内蒙古、河北、陕西等省、自治区。

2. 育成简史

以辽宁绒山羊为父本、吕梁黑山羊为母本，采用高效育种、高效繁殖调控和平衡营养调控等技术，经过杂交改良、横交固定和选育提高 3 个阶段，最终培育成遗传稳定、产绒量高、绒细度好、适应性强的晋岚绒山羊。

3. 外貌特征

被毛白色，体质结实，结构匀称，背腰平直，公母羊均有角，且螺旋明显。

4. 生产性能

成年母羊产绒量达 480g 以上，羊绒细度 15.0μm 以下；绒毛自然长度 5.0cm 以上，净绒率 60％以上，体重 30kg 以上，产羔率105％以上。成年公羊产绒量达 750g 以上，羊绒细度 16.5μm 以下，绒毛长度 6.0cm 以上，净绒率 60％以上，体重 40kg 以上。

九、简州大耳羊

1. 产地与分布

简州大耳羊主要分布于简阳市丹景乡、武庙乡、五指乡、老君井乡、坛罐乡、贾家镇等乡镇。

2. 育成简史

该品种是用进口努比亚山羊与简阳本地山羊，经过 60 多年的杂交和横交固定，形成的一个优良地方品种。

3. 外貌特征

简州大耳羊体型高大，胸宽而深，背腰平直，臀部短而斜，四

肢粗壮，蹄质坚硬，耳长下垂，公羊角粗大，向后弯曲，母羊角较小，呈镰刀状；公羊下颌有毛髯，部分下颌有肉髯。被毛为黄褐色，腹部及四肢有少量黑色毛发，从枕部沿背部至十字部有一条黑色毛带。

4. 生产性能

成年公羊体重可达 68kg 以上，成年母羊可达 45kg 以上。公羊屠宰率 52.08%，母羊 49.69%，初产母羊平均产羔率为 153%，经产母羊为 242%。

十、云上黑山羊

1. 产地与分布

云上黑山羊主产于滇中的寻甸县、弥勒市、沾益区、石林县、双柏县和大姚县。云南全省均有分布，以昆明市、红河州、曲靖市、楚雄州、大理州、普洱市和丽江市较多。

2. 育成简史

该品种是以努比山羊为父本、云岭黑山羊为母本，采用级进杂交、开放式联合育种方法，通过杂交创新、横交固定与世代选育等阶段，经 22 年选育而成的肉用山羊品种。2019 年通过国家畜禽遗传资源委员会审定。

3. 外貌特征

全身被毛黑色，毛短而富有光泽。体质结实，结构匀称，体躯较大，肉用特征明显。公、母羊均有角，呈倒"八"字形；头大小适中，两耳长、宽而下垂，鼻梁稍隆起。颈长短适中，公羊胸颈部有明显皱褶。胸部宽深，背腰平直，腹大而紧凑。臀、股部肌肉丰满。四肢粗壮，肢势端正，蹄质坚实。公羊睾丸大小适中、对称；母羊乳房发育良好，柔软有弹性，乳头对称。

4. 生产性能

具有个体大、长得快，生得多、活得多，产肉多且肉质细嫩多汁、氨基酸种类丰富、蛋白质含量高、胆固醇含量低，适应性强和耐粗饲等优点。周岁公羊体重达 53.17kg，母羊 41.47kg，成年公羊体重达 75.79kg，母羊 56.49kg，母羊可两年产三胎，1 胎可产 2～3 只羊羔。

十一、疆南绒山羊

1. 产地与分布

疆南绒山羊主要分布在新疆阿克苏地区境内 314 国道以北的天山山脉牧区，在该地区七县两市均有分布。适应我国干旱荒漠、半荒漠及灌丛化草场放牧。

2. 育成简史

以辽宁绒山羊为父本、新疆山羊为母本，经过级进杂交、横交固定、选育提高 3 个阶段，历经 40 余年选育而成。具有毛色全白、产绒量高、体型外貌一致、遗传性能稳定等特点。于 2020 年 10 月通过了国家遗传资源委员会的审定。

3. 外貌特征

被毛全白，毛长绒满，绒用体形明显。体格中等大小，体质结实，结构匀称。头轻小，刘海发达。鼻梁平直，耳中等长，颌下有髯，公、母羊均有角，公羊角粗大，母羊角较小，均向上向后向侧捻曲伸长，角质蜡白色。背腰平直，胸宽而深，后躯丰满，四肢端正，蹄质结实。

4. 生产性能

成年母羊产绒量 453g 以上，羊绒细度 15.5μm 以下；绒毛自然长度 4.5cm 以上，净绒率 55％以上，体重 26kg 以上，产羔率 103％以上。成年公羊产绒量 600g 以上，羊绒细度 16.5μm 以下，绒毛长度 5.0cm 以上，净绒率 55％以上，体重 41kg 以上。

十二、波尔山羊

1. 产地与分布

波尔山羊原产于南非共和国，现已分布于非洲、德国、加拿大、澳大利亚、新西兰及亚洲。

2.育成简史

波尔山羊的真正起源尚不清楚，但有资料说可能来自南非洲的霍屯督人和游牧部落班图人饲养的本地山羊，在形成过程中还可能加入了印度山羊、安哥拉山羊和欧洲奶山羊的基因。南非波尔山羊大致可分为5个类型，即普通型、长毛型、无角型、土种型和改良型。目前世界各国引进的主要是改良型波尔山羊。

3.外貌特征

头大额宽，鼻梁隆起，嘴阔，唇厚，颌骨结合良好，眼睛棕色，目光柔和，耳宽长下垂，角坚实而向后、向上弯曲。颈粗壮，长度适中。肩肥宽，颈肩结合好。胸平阔而丰满，鬐甲高平。体长与体高比例合适，肋骨开张良好。腹圆大而紧凑，背腰平直，后躯发达，尻宽长而不斜，臀部肥厚但轮廓可见。整个体躯呈圆桶状。四肢粗壮，长度适中。全身被毛短而有光泽，头部为浅褐色或深褐色。但有较明显的广流星，两耳毛色与头部一致，颈部以后的躯干和四肢各部均为白色。全身皮肤松软，弹性好，胸部和颈部有皱褶，公羊皱褶较多。

4.生产性能

羔羊初生重 3～4kg，断奶前日增重可达 200g 以上，6 月龄体重可达 30kg。成年体重 90～130kg；成年母羊体重 60～90kg。波尔山羊的屠宰率 8～10 月龄时为 48%，周岁、2 岁、3 岁时屠宰率分别为 50%、52% 和 54%。公、母羔 5～6 月龄时性成熟，但公羊应在周岁后正式用于配种，母羊的初配时间应为 8～10 月龄，母羊平均产羔率为 160%～200%。

5.利用情况

该品种已被世界上许多国家引进，用于改良提高当地山羊的产肉性能，各杂交组合均表现出明显的改良效果。因此，该品种被推荐为杂交肉山羊的终端父系品种。我国波尔山羊自 1995 年首次引进以来，发展迅速，已遍及全国各地，对国内肉山羊业的发展起到了积极的推动作用。

十三、萨能奶山羊

1. 产地与分布

萨能奶山羊是世界著名的奶山羊品种，原产于瑞士泊尔尼州西南部的萨能地区，我国从1904年开始在青岛的崂山及胶东等地先后从德国、英国及前苏联引入，用于奶山羊品种的培育。

2. 外貌特征

公、母羊多无角，大多有须，有些颈部有肉垂，耳长直立，被毛白色或淡黄色。公羊颈粗壮、母羊颈细长。胸部宽深，背腰长而平直，后躯发育好，四肢结实，呈明显楔状体型，母羊乳房发育良好。

3. 生产性能

成年公羊体重75～100kg，成年母羊50～65kg。母羊泌乳期8～10个月，年平均产奶量600～1200kg，乳脂率3.2%～4.0%，母羊产羔率160%～220%。

4. 利用情况

许多国家都用它来改良当地山羊品种，并培育出了不少的奶山羊新品种。我国1904年前后在山东省青岛市外国传教士已将萨能奶山羊引入。20世纪30年代，山东、河南、河北、陕西等省饲养量不断增多。20世纪80年代，陕西、四川、甘肃、辽宁、福建、安徽和黑龙江等省又从国外引入了大量的萨能奶山羊。萨能奶山羊参与了关中奶山羊、崂山奶山羊等新品种的育成，对我国奶山羊产业的发展起了很大作用。

十四、努比亚山羊

1. 产地与分布

努比亚山羊原产于非洲东北部的努比亚地区及埃及、埃塞俄比亚、阿尔及利亚等。在英国、美国、印度、东欧及南非等国都有分布。

2. 外貌特征

该品种羊头较短小，鼻梁隆起，两耳宽大下垂，颈长，躯干短，尻短而斜，四肢细长。公、母羊多无须无角，个别公羊有螺旋形角。被毛细短有光泽，色杂，有暗红色、棕色、乳白色、灰色、黑色及各种杂色。母羊乳房发达，多呈球形，基部宽广，乳头稍偏两侧。

3. 生产性能

成年公羊体重 70～80kg，成年母羊体重 40～50kg，泌乳期较短，仅有 5～6 个月，盛产期日产奶 2～3kg，高产者可达 4kg 以上。乳脂含量高，为 4%～7%，鲜奶风味好。母羊繁殖力强，一年可产 2 胎，每胎 2～3 羔。

4. 利用情况

我国 1939 年曾引入，饲养在四川省成都等地。20 世纪 80 年代以来，广西、四川、湖北等地先后数批从英国和澳大利亚引入饲养繁育和利用，用于改良当地山羊，改良效果较好。

十五、阿尔卑斯奶山羊

1. 产地与分布

阿尔卑斯奶山羊原产瑞士和奥地利的阿尔卑斯山区，后由法国引进后与法国地方山羊长期杂交选育而成。阿尔卑斯奶山羊现分布于法国、意大利、北欧各国、美国、地中海沿岸以及澳大利亚等一些国家。

2. 外貌特征

毛色不一，颜色有白色、棕色、灰色和黑色，主要为浅黄褐色或红棕色，四肢黑色，背部有黑色条纹。有角或无角，面凹，额宽，两耳直立，体躯长。乳房发达，为椭圆形，基部附着良好。体格较大，公羊体高 85～100cm，母羊体高 72～90cm。

3. 生产性能

成年公羊体重 80～100kg，母羊 50～70kg。一个泌乳期产乳

800～1000kg，法国的最高纪录为 2300kg。

4. 利用情况

我国目前已少量引进该品种，主要饲养在甘肃、陕西等地，用于生产羊奶或杂交改良。

十六、吐根堡奶山羊

1. 产地与分布

吐根堡奶山羊原产于瑞士圣加仑州的吐根堡山谷，是最早培育的奶山羊品种，因具有适应性好、产奶量高等特点，被大量引入欧、美、亚、非及大洋洲许多国家，进行纯种繁育和改良地方品种。对世界各地奶山羊业，特别是对非洲奶山羊业的发展起了重要的作用，与萨能奶山羊同享盛名。

2. 外貌特征

具有乳用家畜特有的楔形体形。被毛褐色或深褐色，随年龄增长而变浅。颜面两侧有一条灰白色的条纹，鼻端、耳缘、腹部、臀部、尾下及四肢下端均为灰白色。公、母羊均有须，部分无角，有的有肉垂。骨骼结实，四肢较长，蹄坚实呈蜡黄色。公羊头粗大，颈细瘦，体长；母羊颈皮薄，骨细，乳房大而柔软，发育良好。

3. 生产性能

成年公羊体重（85.00±14.22)kg，成年母羊体重（59.88±3.87)kg。吐根堡奶山羊平均泌乳期287d，一个泌乳期的产奶量600～1200kg。瑞士最高个体产奶纪录为1571kg，乳脂率平均为3.7%。饲养在我国成都的吐根堡奶山羊，300d 产奶量，一胎为687.79kg，二胎为 842.68kg，三胎为 751.28kg。全年发情，但多集中在秋季。母羊 1.5 岁配种，公羊 2 岁配种，产羔率平均为 173.4%。

4. 利用情况

20 世纪 80 年代以来，我国曾多次引进，现在主要分布在四川、湖北和甘肃等省。

第四章
公羊的精子概述

第一节　精子的发生与成熟

公羊的初情期是指第一次能够排出成熟精子且表现出完整性行为序列的时期，即性成熟的开始阶段，标志着公羊开始具备生殖能力。性成熟是继初情期后，公羊生殖器官和生殖机能发育趋于完善，达到能够产生具有受精能力的精子，并有完全性行为能力的时期。公羊到达性成熟的年龄与体重的增长速度呈正相关性，体重增长快的个体，其到达性成熟的年龄要比体重增长慢的个体早。群体中如若有母羊存在，可促使性成熟的提早出现。通常要求公羊的体重达到成年时的70%左右才开始配种。

一、精子的发生

公羊在生殖年龄中，曲精小管上皮总是在进行着细胞的分裂和演化，产生出一批又一批精子，同时生精细胞源源不断得到补充和更新。精子形成的系统过程称为精子的发生，全过程历经以下3个阶段。

（一）精原细胞的分裂和初级精母细胞的形成

在此阶段中，1个精原细胞经过数次增殖分裂，最终分裂成16个初级精母细胞。也使精原细胞本身得到繁衍。因各次分裂均为有丝分裂，所以精原细胞和初级精母细胞仍然是双倍体，此阶段需15～17d。

（二）精母细胞的减数分裂和精子细胞的形成

初级精母细胞形成后，细胞核发生减数分裂的一系列变化，主要是染色体的复制，由原先的双倍体复制成四叠体，然后接连进行2次分裂，第1次分裂产生2个次级精母细胞，第2次分裂，每个次级精母细胞各分裂成2个精子细胞，1个精母细胞最终分裂成4个精子细胞，将原先四倍的染色体均等分配到4个精子细胞中。因此，精子细胞和由它演化生的精子都是单倍体。此阶段需16～19d。

（三）精子细胞的变形和精子的形成

精子细胞不再分裂而是经过变形成为精子。最初的精子细胞为圆形，以后逐渐变长，精子细胞发生形态上的急剧变化，细胞核变成精子头的主要部分，细胞质的内容物包括核糖核酸、水分大部分消失；中心小体逐渐生长成精子的尾部，高尔基体变成精子的顶体，线粒体聚集在尾的中段周围。精子形成后随即脱离精曲小管上皮，以游离状态进入管腔。此阶段需10～15d。精子发生的全过程，绵羊约需49～50d。

二、精子的形态和结构

哺乳动物的精子在形态结构上有共同的特征，即由头、颈和尾3个部分构成。一般精子长50～70μm，但精子长度与动物体大小不成比例。

（一）头部

精子的头呈扁卵圆形，长约0.5pm，由细胞核、顶体和顶体后区等组成。细胞核内含DNA、RNA、K、Ca、P、酶类等；顶体呈双层薄膜，呈帽状覆盖在核的前部，内含物包括中性蛋白酶、透明质酸酶、穿冠酶、ATP酶，及各种酸性磷酸酶。顶体易变性和脱落，顶体后区是细胞质特化为环状的一层薄的致密带。

（二）颈部

精子颈部位于头与尾之间，起连接作用。长约0.5pm，是最脆弱的部分。

（三）尾部

精子尾部为运动器官和代谢器官，是最长的部分，长 40～50pm。尾部因各段结构不同，又分为中段、主段和末段 3 个部分。中段是精子能量代谢的中心，由线粒体鞘和 9 条圆锥形粗纤维构成的纤维带、2 条单微管和 9 条二联微管构成的轴丝组成；主段由纤维带和轴丝组成；末段仅由轴丝组成，决定精子运动的方向。

三、精液

精液由精子和精清（也称为精浆）两部分组成，精子和精清有各自的理化特性，二者处在一种平衡的状态。

（一）精液的合成和排出

精液中的精清主要来自副性腺的分泌物，还有少量的睾丸液和附睾液。交配时，尿道起始部内壁上的精阜勃起阻断膀胱的排尿通道，并防止精液向膀胱倒流。尿道球腺先分泌少量液体，冲洗并滑润尿道。接着，附睾尾经由输精管向骨盆部尿道排出浓密的精子。同时，各副性腺向骨盆部尿道排出各自的分泌物与精子混合构成精液。精液流经骨盆部尿道和阴茎部尿道，射入母畜生殖道或假阴道中。附睾管、输精管和尿道的管壁上都有一层环形平滑肌，受神经支配发生节律性收缩，为精液的排出提供动力。

（二）精清的主要化学成分

1. 糖类

精清中都含有糖类物质，其中主要是果糖，其来源于精囊腺。精液中还有几种糖醇，如山梨糖醇和肌醇，也来源于精囊腺。其中山梨糖醇可氧化为果糖被精子利用。

2. 蛋白质和氨基酸

精清中的蛋白质含量很低，一般为 3%～7%。射精后精清中非蛋白氮和氨基酸的含量增加。其中，游离的氨基酸可能成为精子有氧氧化的基质之一。精清中还含有唾液酸，属于黏蛋白。还有一种含氮碱的麦硫因，其确切生理功能尚不十分清楚，一般认为有保护作用。

3. 酶类

精清中含有多种酶，大部分来自副性腺，也有少量由精子渗出。绵羊精清中的谷草转氨酶主要来自附睾和精囊腺；精清中的乳酸脱氢酶主要是精子渗透造成的。精清中的酶类是精子蛋白质、酯类和糖类分解代谢的催化剂。

4. 脂类

精清中的酯类物质主要是磷脂，如磷脂酰胆碱和乙胺醇等，主要来源于前列腺中的卵磷脂对延长精子的寿命和抗低温打击有一定保护作用。甘油磷酰胆碱主要来自附睾分泌物，不能被精子直接利用，只有通过射精进入母羊生殖道被其中的酶分解为磷酸甘油后，才能被精子用作能源物质。此外还有一些维生素和其他有机成分。

5. 无机离子

在羊精清中，Na^+ 和 K^+ 是主要的阳离子，除此还有少量的 Ca^{2+} 和 Mg^{2+}。主要的阴离子有 Cl^-、PO_4^{3-} 和 HCO_3^-，对维持精液的缓冲体系具有一定的调节作用。

（三）精液的生物物理学特性

对精液生物物理学特性的讨论，主要涉及精液的渗透压、pH、相对密度、透光性、导电性和黏度，为精液的体外处理和保存提供理论依据。

1. 渗透压

精液渗透压通常以渗压摩尔浓度表示。精液渗透压的种间差异甚小，精清和精液的渗透压是一致的，约为 0.324 摩尔浓度。在精液稀释时，稀释液的配制应考虑渗透压的要求。

2. pH

在附睾内的精子，处于弱酸环境，精子的运动和代谢受到抑制，处于一种休眠状态。射精后，受 pH 偏高的副性腺分泌物的影响，精液的 pH 接近于 7.0。若继续在体外停留，可能会受所处的环境温度、精子密度、代谢程度等因素的影响，造成 pH 不同程度的降低。一般情况下，新采出的牛、羊精液偏酸性，猪和马的精液偏碱性。

3. 相对密度

精液的相对密度与精液中精子的含量有关。由于成熟精子的相对密度高于精清，精液的相对密度一般都大于 1。猪和马精液的精子含量较低，其相对密度略大于 1；牛和羊的精子含量显著高于猪、马，其相对密度也自然比较高。有时精液中未成熟的精子比例过高，水分含量较大，也会使精液的相对密度降低。

4. 透光性

精液的透光性主要受精液的浑浊度的影响，精子的含量又与精液的浑浊度直接相关，因此可通过测定精液的透光能力估测精子含量。

5. 黏度

精液黏度与精子密度和精清中含有黏蛋白唾液酸有关。精清的黏度大于精子，含胶状物多的精液其黏度相应增大。

6. 导电性

精液的导电性是由精液中的无机离子造成的，含量越高其导电性越强，因此可利用这一特性，通过测定精液的导电性估计精液中电解质的含量及其性质。

（四）精清的生理作用

精清的主要生理作用有以下几个方面：①稀释来自附睾的浓密精子，扩大精液容量；②调整精液 pH，促进精子的运动；③为精子提供营养物质；④对精子的保护作用；⑤清洗尿道和防止精液逆流。

四、精子的代谢和运动

新陈代谢是维持精子生命和运动能力的基础，只是在不同的环境条件下，其代谢活动会受到不同程度的促进或抑制，进而影响精子的生存和运动的能力。精子在维持生存的过程中，要利用周围的代谢基质乃至自身物质进行复杂的代谢过程，其中主要包括糖酵解、呼吸及某些元素和化合物的生物化学变化等。

（一）精子的代谢

精子只能利用精清或自身的某些能源物质进行分解代谢，而不能进行合成代谢。精子的分解代谢主要有两种形式，即糖酵解（果糖酵解）和有氧氧化（精子的呼吸），这是在不同条件下既有联系又有区别的代谢过程。

1. 精子的糖酵解

可被精子利用的能源物质以糖类为主，精子本身缺乏这类物质，而靠精清来提供。通常精清中存在的可被精子直接分解产生能量的是果糖。

不论在有氧或无氧的条件下，精子可以把精清（或稀释液）中的果糖（葡萄糖）分解成乳酸而释放能量的过程，称为糖酵解。由于精子所酵解的几乎都是果糖，所以也称为果糖酵解。精子糖酵解的终末产物是乳酸。每摩尔的果糖经酵解产生的能量只有 150.7kJ。

2. 精子的呼吸

精子的呼吸和糖酵解是精子分解代谢中密切相关的生物化学过程。在有氧条件下，精子可将果糖酵解产生的乳酸进一步分解为 CO_2 和水，产生比糖酵解大得多的能量，称为有氧氧化，也称为精子的呼吸。经过精子的呼吸分解，果糖的终产物是不能再被精子利用的 CO_2 和水，是一种彻底的分解过程。前面提到的果糖分解产生的乳酸，在无氧的条件下则不能被分解利用，是一种不彻底的分解代谢过程。

一般情况下，精子呼吸的代谢基质主要是能进行糖酵解的物质。此外，乳酸、丙酮酸和乙酸等有机酸及其盐类也是支持精子呼吸代谢的基质。精子的呼吸主要在尾部中段的线粒体内进行，代谢过程产生的能量转化为 ATP，大部分 ATP 用于维持精子活动的能量消耗，另一部分可能用于维持精子膜的完整性。

精子在消耗了精清或稀释液中的外源基质后，还能够通过呼吸作用分解和利用细胞内的脂类或蛋白质，提供能量，维持生存，称为内源呼吸。随着自身能量的消耗，精子的生命力会逐渐减弱而死亡。

3. 精子对脂类的代谢

当精子外源呼吸的基质枯竭时，可通过呼吸作用氧化细胞内的磷脂维持生存。精子先将磷脂分解，产生脂肪酸，再经氧化而获得能量。在不含果糖的精清中，脂类分解产生的甘油可促进精子氧的消耗和乳酸的产生，是由于甘油能进入精子内部而被代谢分解的结果。在精子的呼吸中，甘油被氧化产生的乳酸能够再形成果糖。由此可见，甘油在精液冷冻保存的应用中不仅是防冷剂，而且可能通过磷酸三糖的阶段参与糖酵解的过程。

4. 精子对蛋白质和氨基酸的代谢

在正常情况下，精子不会从蛋白质的成分中获取能量，精子分解蛋白质时表明精液已开始变性。在有氧时，精子能将某些氨基酸脱氢生成氨和过氧化氢，其中的过氧化氢对精子有毒害作用，能降低精子的耗氧率，是精液腐败的表现。

（二）精子的运动

运动能力是活精子的重要特征之一。但活精子未必都有运动的能力。如睾丸内和附睾头的精子、冷冻保存和酸抑制条件下的精子，往往并不具备运动的能力。因而，运动能力和生命力是两个不同的概念。

1. 精子的运动形式

精子运动的动力是靠尾部弯曲时出现自尾前端或中段向后传递的横波，压缩精子周围的液体使精子向前泳动。精子的运动形式主要有三种，第一种是直线前进，指精子运动的大方向是直线的，但局部或某一点的方向，不一定是直线的；第二种是转圈运动，其运动轨迹为由一点出发向左或向右的圆圈；第三种是原地摆动。其中，只有直线前进运动为精子的正常运动形式。在正常条件下，精子的运动形式是精子形态、结构和生存能力的综合反映，在一定程度上也是精子受精能力的一种反映。

2. 精子运动的速度

精子运动的速度与所在介质的性质和流向有关。精子具有趋流性，即精子在流动的液体中，趋逆向前进并增加运动的速度。此外介质的黏滞度、精子的密度对精子的运动速度也有一定影响。

环境条件如温度、渗透压、pH、光照、振动和一些化学物质等会对精子的生存时间、运动、代谢和受精能力等方面产生影响。

五、外界因素对精子存活的影响

在精液射出体外后，精子的生活环境随之改变，如温度、光照辐射、pH、渗透压及化学物质等因素都会直接影响精子的代谢和生活力。其中，有些因素虽然能促进精子的活动力和代谢，但是会使精子的生存时间缩短；有些因素则能抑制精子的活动力和代谢，从而延长其生存时间。

（一）温度

温度的变化可以改变精子的代谢和运动能力，影响精子寿命。精子对高温的耐受性差，一般不超过 45℃。当温度超过这个限度时，精子经过短促的僵直后立即死亡。在 40～44℃ 高温环境中，精子的代谢和运动异常增强，能量物质在短时间内迅速耗竭，可能很快失去生存力。低温也会伤害精子，当新鲜精液由体温急剧降至10℃ 以下时，精子受到不可逆的冷打击，失去生活力，很快死亡，这种现象被称为精子冷休克。这种现象可能是因精子细胞膜在冷打击中受到破坏，细胞内三磷酸腺苷、部分蛋白质（细胞色素）和钾等成分漏出，渗透压升高，精子糖酵解和呼吸过程受阻，最终造成精子结构和活力发生不可逆的变化。在含有卵黄、奶类或甘油等的稀释液中，精子可以免受冷休克的伤害，从而可在低温（0～5℃）或超低温度（-196℃）环境中有效保存。在低温环境时，精子的代谢活动和运动受到抑制，能量消耗减少，故存活时间相应延长。在冷冻过程中，冰晶对精子细胞结构会造成机械性损伤。在超低温冷冻环境中，精子的代谢和活动基本停止；当温度恢复时，精子的活动力仍能恢复，能继续进行代谢，这正是精液冷冻和低温保存的主要理论根据。

（二）光照和辐射

可见光和紫外线及各种射线均会对精子的生活力产生影响。由于日光中的红外线能使精液温度升高，因此对精液进行短时间的日光照射，能刺激精子的氧摄取量和活动力，加速精子的呼吸和运动，导致代谢物积累过多，从而造成对精子的毒害作用。紫外线对精子的影响取决于其剂量强度。波长为 366nm 的紫外线比波长为 254nm 的紫外线抑制精子活动力的效果强。射线的辐射对精子的代谢、活动力、受精能力等均可产生损害作用。当射线的剂量高于 8.26C/kg 时，精子的代谢和活动力会受到影响；低剂量的辐射（0.025～0.21C/kg）可造成精子遗传学损伤，或者造成受精能力的丧失。

（三）pH

精液 pH 的变化可以明显地影响精子的代谢和活动力。在 pH 较低的偏酸性环境中，精子的代谢和活动力受到抑制；当精液的 pH 升高时，精子代谢和呼吸增强，运动和能量消耗加剧，精子寿命相对缩短。因此，pH 偏低更有利于精液的保存，可采用向精液中充入饱和 CO_2 或用碳酸盐的方法使 pH 降低。精子适宜的 pH 范围是 7.0～7.2。

（四）渗透压

精子与其周围的精清基本上是等渗的，如果精清部分的渗透压高，就会使精子本身因为脱水而出现皱缩；反之，低渗透压则易使精子膨胀。当上述 2 种变化严重时，精子都可能会死亡。精子对不同的渗透压有逐渐适应的能力，这是细胞膜使精子内、外的渗透压缓缓地趋于平衡的结果，但这种适应能力有一定的限度，并且和液体中的电解质也有很大关系。不同物质的渗透压和精子的完整性也会对精子内、外渗透压的平衡产生影响，与相对分子质量高及有负电荷的物质相比，相对分子质量低及非离子物质穿透精子膜的速度更快，因此也能在更短的时间内使精子内、外渗透压达到平衡。精子对渗透压的耐受范围一般是等渗液的 $50\%\sim150\%$。在精液冷冻液中，精液稀释液的渗透压因工艺的特殊要求而超出正常的范围。

（五）电解质

精子的代谢和活动力也受环境中离子类型和浓度的影响。电解质对精子膜的通透性比非电解质（如糖类）弱，高浓度的电解质易破坏精子与精清的等渗性，造成精子的损伤。一定量的电解质对精子的正常刺激和代谢是必要的。因为它能在精液中起缓冲作用，特别是一些弱碱性盐类，如柠檬酸盐、磷酸盐等溶液，具有良好的缓冲性能，对维持精液 pH 的相对稳定具有重要作用。电解质的作用取决于电解所产生的阴、阳离子及其浓度，对精子的影响也因动物种类的不同而存在差异。由于阴离子能除去精子表面的脂类，使精子凝集，所以对精子的损害一般要大于阳离子。例如，精清中少量 K^+ 能促进精子呼吸、糖酵解和运动，高浓度 K^+ 对精子代谢和运动有抑制作用，某些金属离子对维持精子的代谢和活动力具有重要作用，很容易因过量而引起精子死亡，如 Fe^{2+}、Cu^{2+}、Zn^{2+} 等。

（六）精液稀释

精液稀释后不仅容量扩大，而且精子代谢和活动力也发生变化，其影响取决于稀释液中的缓冲剂能否使精子内、外的 pH 和渗透压趋于平衡，是否含有可逆的酸抑制成分和防止能量消耗的其他因素。在稀释过程中，精液中的某些抑制代谢的物质浓度降低，故而使精子代谢和活动力加强，稀释超过一定程度可使精子内的 K^{2+} 渗出，Na^+ 渗入，精子膜表面发生变化，从而使精子活力和受精力大为降低。特别是仅含有单纯或多种电解质的稀释液的不良影响更为显著，因此，每种稀释液都有适当的稀释倍数和范围。在稀释液中加入卵黄成分并做多步稀释，可以减少高倍稀释对精子的有害影响。

（七）气相

氧对精子的呼吸是必不可少的。精子在有氧的环境中，能量消耗增加，CO_2 积累增多，在缺氧的情况下，CO_2 积累能抑制精子的活动。在 100% CO_2 的气相条件下，精子的直线运动停止。若用氮或氧代替 CO_2，精子的运动可以得到恢复。另外，25% 以上的 CO_2 可抑制精子的呼吸和糖酵解能力。

（八）药品

在精液或稀释液中加抗生素等药物能抑制精液中病原微生物的繁殖，从而延长精子的存活时间，在冷冻精液的稀释液中加入甘油对精子具有防冻保护作用，以提高精子复苏率。激素可以影响精子的有氧代谢，如胰岛素能促进糖酵解，甲状腺素能促进精子呼吸以及果糖和葡萄糖的分解，睾酮、雄烯二酮、孕酮等能抑制精子的呼吸，在有氧条件下能促进糖酵解。

有些药品能抑制和杀死精子，如酒精等一些消毒药品能直接杀死精子。因此，在精液处理中，应注意避免精液与消毒药品等的接触。

第二节　冻　　精

在现代化养羊业引种中，除了活体引种，引进冻精也是一种非常好的方式。

一、冷冻精液的重要意义和作用

（1）极大地发挥优秀种公羊的利用率　　制作冷冻精液可使一只优秀种公羊年产 8000 头份以上可供授精用的颗粒冻精，或可生产 0.25 型细管冻精 10000 枚以上。

（2）不受地域限制，充分发挥优秀种公羊的作用。如果将优秀种公羊的精液在超低温下保存，就可将其运送到任何一个地区为母羊输精，充分发挥优秀种公羊的作用。

（3）不受种公羊生命的限制　在优秀公羊死亡后，仍可用它生前保存下来的精液输精，产生后代。这样就可以把最优秀或最有育种价值的羊种遗传资源长期保存下来，随时取用，这对绵、山羊的遗传育种和保种工作具有重大的科学价值。

（4）便于进行后裔测定　可以同时配许多母羊，便于早期对后备公羊进行后裔测定。

（5）节省费用　可节省因引进种公羊和种公羊的饲养管理所产生的费用。

但是，羊的冷冻精液，特别是绵羊的冷冻精液，还有许多相关理论、技术和方法等问题至今没有得到很好的解决。因此，与使用新鲜精液相比，受胎率还较低。

二、羊精液冷冻和保存技术

（一）器械消毒

采精前一天清洗各种器械（先以肥皂或洗衣粉水清洗，再以清水冲洗 3～5 次，最后用蒸馏水冲洗烘干）。玻璃器械采用干燥箱高温消毒，其余器械用高压锅或紫外线灯进行消毒。

（二）待冷冻用的鲜精品质

各项指标良好或正常，其中密度应在 20 亿/mL 以上，活率在 70% 以上，精子抗冻性好，冷冻解冻后活率在 30% 以上。

（三）稀释液

经过在较大羊群中试验，效果良好的几种稀释液配方如下。

1. 中国农业科学院研制的葡 3-3 高渗稀释液

（1）Ⅰ液　葡萄糖 3g、柠檬酸钠 3g，加重蒸馏水至 100mL。取溶液 80mL，加卵黄 20mL。

（2）Ⅱ液 取Ⅰ液44mL，加甘油6mL。

2. 新疆农垦科学院研制的9-2脱脂牛奶复合糖稀释液

（1）Ⅰ液 10g乳糖加重蒸馏水80mL、鲜脱脂牛奶20mL、卵黄20mL。

（2）Ⅱ液 取Ⅰ液45mL加葡萄糖3g、甘油5mL。

3. 甘肃农业大学研制的冻精稀释液最优配方

（1）绵羊 三基3.0285g，柠檬酸1.6593g，蔗糖2.5673g，果糖0.75g，维生素E6mL，卵黄15%（体积分数），甘油4.0%（体积分数），青霉素和链霉素各为10万IU，重蒸水100mL。

（2）山羊 三基4.361g，葡萄糖0.654g，蔗糖1.6g，柠檬酸1.972g，谷氨0.04g，卵黄18mL，甘油6mL，青霉素和链霉素各10万IU，重蒸馏水100mL。

（四）稀释倍数

羊精液的稀释程度关系到精液冷冻的成败，精液稀释的重要目的是保护精子在冷冻和解冻过程中免受低温损害。根据大量的研究与实践，羊精液在冷冻之前的稀释比例，一般为1：1～4。

（五）稀释程序

两步稀释法先用不含甘油的稀释液初步稀释后，冷却到0～5℃；再用已经冷却至同温度的含甘油稀释液进行第二次稀释。

一步稀释法是将含有甘油的稀释液在30℃时，对精液进行一次稀释。

（六）冻前的降温和平衡

首先，稀释后的精液冷却到平衡温度时速度不能过快，特别是降到22℃以下后，精子受低温打击的影响比在22℃以上时更为敏感。一般来说，需用2h左右的时间使精液逐渐冷却。绵羊冷冻精液的研究中，精液的平衡由最早的8h、12h甚至12h以上缩短到3h、2h或1h，目前多数在3h左右。若采用两步稀释法，冷冻前加入含甘油的稀释液，甘油实际上不参加平衡。

（七）精液的冷冻类型

绵、山羊精液分为颗粒、安瓿瓶和细管三种冷冻类型。颗粒法最为简便，所需器材设备少，但缺点是不能单独标记，容易混杂，容易污染，并且解冻时需一粒粒进行，速度很慢，费时费事。从理论上讲，在冷冻和解冻过程中，细管受温均匀，冷冻效果应该较好。

（八）精液冷冻方法

1. 颗粒精液冷冻技术

冷冻颗粒时多采用干冰滴冻法，即将精液直接滴在干冰面上的凹窝内冷冻，或用液氮熏蒸铝板或氟板，然后把精液滴在板面上冷冻。颗粒的大小一般在 0.1mL 左右，颗粒过大时，里层和外层精液的受温过于不均，效果较差；颗粒过小时，在解冻时又太费事，也很不方便。

（1）氟板法　初冻温度为 $-90℃ \sim -100℃$，将液氮盛入铝制的冷冻器中，然后把氟板浸入液氮中预冷数分钟后（以氟板不沸腾为准），将氟板取出平放在冷冻器上，氟板与液氮面的距离为 1cm，再加盖 3min，后取开盖，按每颗粒 0.1mL 剂量滴冻，滴完后再加盖 4min，然后将氟板连同冻精一起浸入液氮中，并分装保存于液氮中。

（2）铜纱网法　将液氮盛入约 6kg 广口瓶，距瓶口约 7cm，然后将铜纱网浸入液氮中 5min，在液氮面上 1cm 处置漂浮器，将铜纱网漂在液氮面上，进行滴冻，滴完后加盖 4min，将铜纱网浸入液氮中，然后解冻，镜检，合乎要求后再分装保存。

2. 细管精液冷冻技术

（1）稀释液配制　葡萄糖 54g、柠檬酸钠 10g，加双蒸水至1000mL，再加入丁胺卡那霉素 10000IU，然后按 20% 比例加入新鲜卵黄，即配制成 A 液。在 A 液中加入 14% 甘油即为 B 液，或在 A 液中按每升加入 100mL 乙二醇为 B 液。在 B 液中还可按 2.5mg/mL

添加维生素 E 以及按 25mg/L 添加维生素。

（2）细管冻精生产工艺流程　采集健康种公羊鲜精（活率≥80％）→稀释（精子动态分析仪自动检测精子密度、活率、稀释倍数）→平衡（在 2～5℃的冰箱及低温操作柜中平衡处理 2～3h，同时将事先印字标记的待装细管及其托盘放入低温操作柜中预冷至 2～5℃）→精液装管（在平衡处理过程的后期，利用精液装管机在 2～5℃的低温操作柜中制作细管精液，并码排在托盘架上，待平衡时间结束，即可进入冷冻细管操作；细管类型为 0.25 型）→冷冻（采用液氮罐生产冻精，可将码排有精液细管的托盘架置于大容量的广口液氮罐中，在低温温度计的监测下，按照规定的降温曲线完成精液冷冻过程；用电脑控制的 C12640 冷冻仪生产冻精，可将装有精液细管的纱布袋安置于专用的冷冻筐中，按照设定的降温程序，自动完成精液冷冻过程）→取样检查（活率≥40％）→预备储存→24h 重新抽样检查活率→包装储存合格精液→定期抽样检查（畸形率、顶体完整率、活率、存活时间和菌落数等指标）。

3. 冷冻精液的分装入库和保存管理

（1）质量检测　每批制作的冷冻颗粒精液，都必须抽样检测，一般要求每颗粒容量为 0.1mL，精子活率应在 30％以上，每颗粒有效精子达 1000 万个（可定期抽检），凡不符上述要求的精液不得入库贮存。

（2）分装　颗粒冻精一般按 30～50 粒分装于 1 个纱布袋或 1 个冷冻瓶中。

（3）标记　每袋颗粒精液须标明公羊品种、公羊号、生产日期、精子活率及颗粒数量，再按照公羊号将颗粒精液袋装入液氮罐提筒内，浸入固定的液氮罐内贮存。

（4）分发、取用　取用冷冻精液应在广口液氮罐或其他容器内的液氮中进行。冷冻精液每次脱离液氮时间不得超过 5s。

（5）贮存　贮存冻精的液氮罐应放置在干燥、凉爽、通风和安全的库房内。由专人负责，每隔 5～7d 检查一次罐内的液氮容量，当剩余的液氮为容量的 2/3 时，须及时补充。要经常检查液氮罐的状况，如果发现外壳有小水珠、挂霜或者发现液氮损耗过快时，说明液氮罐的保温性能差，应及时更换。

（6）记载　每次入库、分发或耗损报废的冷冻精液数量及补充液氮的数量等，必须如实记载清楚，并做到每月结算一次。

三、解冻方法

颗粒冻精的解冻方法，一般分为干解冻法和湿解冻法。冷冻精液采用干解冻法：将一粒冻精颗粒放入灭菌小试管中，置于60℃水浴，快速融化至1/3颗粒大时，迅速取出在手中心轻轻揉搓至全部融化。绵羊冻精湿解冻法：在电热杯65～70℃高温水浴中解冻，用1mL 2.9％柠檬酸钠解冻液冲洗试管，倒掉部分解冻液，管内留0.05～0.1mL解冻液实行湿解冻，每次分别解冻两粒，轻轻摇动解冻试管，直至冻精融化到绿豆粒大时，迅速取出置于手中揉搓，借助于手温到全部融化，解冻后的精液立即进行镜检，凡直线运动的精子达35％以上，均可用于输精。

绵羊细管冻精一般是在38～42℃下解冻。此外。由于绵羊的配种旺季往往是在气温较低的季节，精液解冻后如果升温过高，在输精前精液在室温下还要停留一段时间，否则容易受到温度变化打击的损伤，因此较好的方法是采用两步解冻法，先用较热的水解冻，待精液融化1/2～2/3时，就转移到与室温相近的水浴中继续解冻。

第三节　人工授精技术

人工授精是一项实用的生物技术，它借助器械，以人为的方法采集公羊的精液，经过精液品质检查和一系列处理，再通过器械将精液注入发情母羊生殖道。人工授精具有以下特点：充分利用生产力高的种公羊，加速改良绵羊羊毛品质，提高生产力及经济效益；防止交配而传染的疾病；减少母羊的不孕，提高母羊受胎率和繁殖率；便于组织畜牧生产，促进改良育种工作的开展。

一、采精前的准备

1. 种公羊采精调教

一般说，公羊采精是较容易的事情，但有些种公羊，尤其是初次参加配种的公羊，就不太容易采出精液来，可采取以下措施。

（1）同圈法　将不会爬跨的公羊和若干只发情母羊关在一起，或与母羊混群饲养几天后公羊便开始爬跨。

（2）诱导法　在其他公羊配种或采精时，让被调教公羊站在一旁观看，然后诱导它爬跨。

（3）按摩睾丸　在调教期每日定时按摩睾丸 10～15min，或用冷水湿布擦睾丸，经几天后则会提高公羊性欲。

（4）药物刺激　对性欲差的公羊，隔日每只注射丙睾丸素 1～2mL，连续注射 3 次后可使公羊爬跨。

（5）将发情母羊阴道黏液或尿液涂在公羊鼻端，也可刺激公羊性欲。

（6）用发情母羊做台羊。

（7）调整饲料，改善饲养管理，这是根本措施，若气候炎热时，应进行夜牧。

2. 器械洗涤和消毒

人工输精所用的器械在每次使用前必须消毒，使用后要立即洗涤。新的金属器械要先擦去油渍后洗涤。方法是：先用清水冲去残留的精液或灰尘，再用少量洗衣粉洗涤，然后用清水冲去残留的洗衣粉，最后用蒸馏水冲洗 1～2 次。

玻璃器皿消毒：将洗净后的玻璃器皿倒扣在网篮内，让剩余水流出后，再放入烘箱，在 105℃下消毒 30 分钟。可用消毒杯柜或碗柜消毒，价格便宜、省电。消毒后的器皿透明，无任何污渍，才能使用，否则要重新洗涤、消毒。

开腔器、温度计、镊子、磁盘等经消毒、洗净、干燥后，在使用前 1.5h，用 75%酒精棉球擦拭消毒。

3. 假阴道的安装、洗涤和消毒

先把假阴道内胎（光面向里）放在外壳里边，把长出的部分（两头相等）反转套在外壳上。固定好的内胎松紧适中、匀称、平正、不起皱褶和扭转。装好以后，将刷子放在洗衣粉水中，用刷子刷去粘在内胎上的污物，再用清水冲去洗衣粉水，最后用蒸馏水冲洗内胎1～2次，自然干燥。采精前1.5h，用75％酒精棉球消毒内胎。

二、采精

（1）选择发情好的健康母羊作台羊，后躯应擦干净，头部固定在采精架上（架子自制）。训练好的公羊，可不用发情母羊作台羊，还可用公羊作台羊或用假台羊等都能采出精液来。

（2）种公羊在采精前，用湿布将包皮周围擦干净。

（3）假阴道的准备　将消毒过的、酒精完全挥发后的内胎，用生理盐水棉球或稀释液棉球从里到外进行擦拭，在假阴道一端扣上消毒过并用生理盐水或稀液冲洗后甩干的集精瓶。在外壳中部注水孔注入150ml左右的50～55℃温水，拧上气卡活塞，套上双连球打气，使假阴道的采精口形成三角形。最后把消毒好的温度计插入假阴道内测温，温度在39～42℃为宜。在假阴道内胎的前1/3，涂抹稀释液或生理盐水作润滑剂，就可立即用于采精。

（4）采精操作　采精员蹲在台羊右侧后方，右手握假阴道，气卡活塞向下，靠在台羊臀部，假阴道和地面约呈35°角。当公羊爬跨、伸出阴茎时，左手轻托阴茎包皮，迅速将阴茎导入假阴道内，公羊射精动作很快，发现抬头、挺腰、前冲，表示射精完毕，全过程只有几秒钟。随着公羊从台羊身上滑下时，将假阴道取下，立即使集精瓶的一端向下竖立，打开气卡活塞，放气卡取下集精瓶不要让假阴道内水流入精液，外壳有水要擦干，送操作室检查。采精时，必须高度集中，动作敏捷，做到稳、准、快。

（5）种公羊每天可采精1～2次，采3～5d，休息一天。必要时每天采3～4次。二次采精后，让公羊休息2h后，再进行第三次采精。

三、精液品质检查

精液品质检查的主要目的在于鉴定精液品质的优劣，同时也为精液稀释、分装保存和运输提供依据。精液品质检查主要从外观评定（如精液量、色泽、气味、PH）、实验室检查（如精子的运动能力、精子密度、精子形态）等方面进行。

（1）射精量　绵羊每次射精量为0.5～2mL。射精量因采精方法、品种、个体营养状况、采精频率、采精季节及采精技术水平而有差异。

（2）色泽　正常的精液为乳白色。如精液呈浅灰色或浅青色，是精子少的特征；深黄色表示精液内混有尿液；粉红色或淡红色表示有新的损伤而混有血液；红褐色表示在生殖道中有深的旧损伤；有脓液混入时，精液呈淡绿色；精囊腺发炎时，精液中可发现絮状物。凡是颜色异常的精液均不得用于输精。

（3）气味　正常精液有轻微腥味，若有尿味或脓腥味，则不得用于输精。

（4）云雾状　用肉眼观察采集的精液，可以看到由于精子活动所引起的翻腾滚动、极似云雾的状态。精子的密度越大、活力越强，则其云雾状越明显。因此，根据云雾状表现的明显与否，可以判断精子活力的强弱和精子密度的大小。

（5）活力　一般可根据直线前进运动的精子所占比例来评定精子活率。在显微镜下观察，可以看到精子有前进运动、回旋运动、摆动式运动以及静止不动等状态。前进运动的精子才是具有受精能力的精子。因此，根据在显微镜下所能观察到的前进运动精子占视野内总精子数的百分率来评定精子活率，如果全部精子做直线前进运动，则活率为100％；80％左右的精子做直线前进运动，则活率为80％，依次类推。

（6）精子密度　指每毫升精液中所含有的精子数目。密度检查的目的是为确定稀释倍数和输精量提供依据。精子密度检查主要方法有目测法、显微镜计数法和光电比色法等。

四、液态精液稀释配方与配制

1. 精液低倍稀释的稀释液

在精液采出后，原精数量不够时，可作低倍稀释，并在短时间内使用，稀释液配方可简单些。如奶类稀释液：用鲜牛奶、羊奶，水浴 92~95℃ 消毒 15min，冷却去奶皮后即可使用。凡用于高倍稀释精液的稀释液，都可作低倍稀释用。

2. 精液高倍稀释的稀释液

高倍稀释是为了扩大精液量，并延长精子的保存时间，配方很多，现介绍 2 种稀释液。

① 葡萄糖 3g，柠檬酸钠 1.4g，EDTA 0.4g，加蒸馏水至 100mL，溶解后水浴煮沸消毒 20min，冷却后加青霉素 100000U，链霉素 0.1g，若再加 10~20mL 卵黄，可延长精子存活时间。

② 葡萄糖 5.2g，乳糖 2.0g，柠檬酸钠 0.3g，EDTA 0.07g，三羟甲基氨基甲烷 0.05g，蒸馏水 100mL，溶解后煮沸消毒 20min，冷却后加庆大霉素 10000U，卵黄 5mL。

3. 液态精液稀释

原精液活率在 60% 以上方可用于稀释输精。

（1）精液低倍稀释　原精液量充足时，可不必再稀释，可以直接用原精直接输精。不够时按需要量作 1:2~4 倍稀释，要把稀释液加温到 30℃，再把它缓慢加到原精液中，摇匀后即可使用。

（2）精液高倍稀释　要以精子数、输精剂量结合最后输精时间的精子活率，计算出精液稀释比例，在 30℃ 下稀释。

五、精液的分装、保存和运输

1. 分装保存

（1）小瓶中保存　把高倍稀释精液，按需要量装入小瓶，盖好盖，用蜡封口，包裹纱布，套上塑料袋，放在装有冰块的保温瓶或保存箱中保存，保存温度为 0℃~5℃。

（2）塑料管中保存　将精液以 1∶40 稀释，以 0.5mL 为一次输精剂量，注入塑料吸管内（剪成 20cm 长，紫外线消毒），两端用塑料封口机封口，保存在自制的保存箱内（箱底放冰袋，再放泡沫隔板，把精液管用纱布包好，放在隔板上面，固定好）盖上盖子，保存温度大多在 4～7℃，最高到 9℃。精液保存 10h 内使用，这种方法，可不用输精器，经济实用。

2. 运输

不论哪种包装，必须固定好精液，尽可能减轻振动。若用摩托车运送精液，要把精液箱（或保温瓶）放在背包中，背在身上。若乘汽车运送精液，最好把它抱在身上。

六、试情

试情工作是羊人工输精工作中的一个重要环节，特别是绵羊，因为绵羊的发情表现与其他家畜相比最不明显，若这项工作组织得不好，将直接影响配种效果，造成母羊空杯、配种期延长等。据资料报道，母羊在繁殖季节里在傍晚以后很少进行交配活动，发情羊多在早晨出现求偶行为。一般在早晨 6∶30～7∶30 时发情母羊中接受爬垮的比例最高，中午发情羊性活动降低，从下午到黄昏再次增高。因此，每天对母羊群进行两次试情，一次在下午，另一次在早上进行。把接受试情公羊爬跨的发情母羊从羊群中挑选出来，随后再进行人工授精或人工辅助交配。每次试情工作所耗用的时间应尽量短。因此在进行试情时，要保持安静，不能惊扰羊群。试情时间太长，将影响母羊的抓膘。为防止试情的公羊偷配，试情时应在试情公羊腹下系上试情布。试情布要扎结实，以防在试情的过程中试情布脱落，发生偷配。每次试情结束，试情布要用水清洗干净，然后晾干。有些地方给试情公羊做结扎输精管后阴茎移位手术，也能得到良好的试情效果。试情圈的设置应因地制宜，可用羊舍运动场进行试情，总的要求是便于试情工作的开展。试情场的面积以每只母羊 1.2～1.5m^2 为宜。试情圈过大，不易抓羊；试情圈过小，母羊拥挤在一起，容易使发情母羊漏检，耽误配种。

七、输精

1. 输精时间

适时输精对提高母羊的受胎率十分重要。羊的发情持续时间为 24~48h。排卵时间一般多在发情后期 30~40h。因此，比较适宜的输精时间应在发情中期后，即发情后 12~16h。如果以母羊外部表现来确定母羊发情，上午开始发情的母羊，下午与次日上午各输精 1 次；下午和傍晚开始发情的母羊，在次日上午和下午各输精 1 次。每天早晨试情 1 次的，可在上午和下午各输精 1 次。2 次输精间隔 8~10h 为好，至少不低于 6h。若每天早晚各试情 1 次的，其输精时间与以母羊外部表现来确定母羊发情相同。如母羊继续发情，可再输精 1 次。

2. 输精方法

（1）子宫颈口内输精　将经消毒后在 1‰氯化钠溶液浸涮过的开腟器装上照明灯（可自制），轻缓地插入阴道，打开阴道，找到子宫颈口，将吸有精液的输精器通过开腟器插入子宫颈口内，深度约 1cm。稍退出开腟器，输入精液，然后将输精器退出，最后退出开腟器。为下只羊输精时，把开腟器放在清水中，用布洗去粘在上面的阴道黏液和污物，擦干后再在 1‰氯化钠溶液中浸涮；用生理盐水棉球或稀释液棉球，将输精器上粘的黏液和污物自口向后擦去。

（2）阴道输精　将装有精液的塑料管从保存箱中取出（需多少支取多少支，余下精液仍盖好），放在室温中升温 2~3min 后，将管子的一端封口剪开，挤 1 小滴镜检活率合格后，将剪开的一端从母羊阴门向阴道深部缓慢插入，到有阻力时停止，再剪去上端封口，精液自然流入阴道底部，拔出管子，把母羊轻轻放下，输精完毕，再进行下只母羊输精。

3. 输精量

原精输精每只羊每次输精 0.05~0.1mL，低倍稀释精液为 0.1~ 0.2mL，高倍稀释精液为 0.2~0.5mL，冷冻精液为 0.2mL 以上。

第五章
羊的胚胎概述

第一节　胚胎生产

目前，我国利用胚胎移植技术生产胚胎已由实验室阶段转向生产实际应用，在生产中发挥了重大作用。

一、供体超数排卵

1. 供体羊的选择

供体羊应符合品种标准，具有较高生产性能和遗传育种价值，年龄一般为 2.5～5 岁，青年羊为 18 月龄。体格健壮，无遗传性及传染性疾病，繁殖机能正常，经产羊没有空怀史。

2. 供体羊的饲养管理

良好的营养状况是保持正常繁殖机能的必要条件。应在优质牧草场放牧，补充高蛋白饲料、维生素和矿物质，并供给盐和清洁的饮水，做到合理饲养，精心管理。供体羊在采卵前后应保证良好的饲养条件，不得任意变化草料和管理程序。在配种季节前开始补饲，保持中等以上膘情。

3. 超数排卵处理

羊胚胎移植的超数排卵，应在每年羊最佳繁殖季节进行。供体羊超数排卵开始处理的时间，绵羊应在自然发情或诱导发情的情期第 12～13d 进行，山羊可在第 17d 开始。

4. 超数排卵处理技术方案

（1）促卵泡素（FSH）减量处理法　①60mg 孕酮海绵栓埋植 12d，于埋栓的同时肌内注射复合孕酮制剂 1mL；②于埋栓的第 10d 肌内注射 FSH，总剂量 300mg，按以下时间、剂量安排进行处理：第 10d，早 75mg，晚 75mg；第 11d，早 50mg，晚 50mg；第 12d，早 25mg，晚 25mg。用生理盐水稀释，每次注射溶剂量为 2mL，每次间隔 12h；③撤栓后放入公羊试情，发情配种；④用精子获能稀释液按 1：1 稀释精液；⑤配种时静脉注射 HCG 1000 国际单位，或 LH 150 国际单位；⑥配种后 3d 进行胚胎移植。

（2）FSH-PMSG 处理法　①60mg 孕酮海绵栓阴道埋植 12d，埋植的同时肌内注射复合孕酮制剂 1mL；②于埋植的第 10d 肌内注射 FSH，时间、剂量：第 10d，早 50mg，晚 50mg，同时肌内注射 PMSG 500 国际单位；第 11d，早 30mg，晚 30mg；第 12d，早 20mg，晚 20mg；③撤栓后试情，发情配种，同时静脉注射 HCG 1000 国际单位；④精液处理同上；⑤配种后 3d 采胚移植。

5. 发情鉴定和人工授精

FSH 注射完毕，随即每天早晚用试情公羊（带试情布或结扎输精管）进行试情。发情供体羊每日上午和下午各配种一次，直至发情结束。

二、采胚

1. 采胚时间

以发情日为 0d，在 6～7.5d 或 2～3d 用手术法分别从子宫和输卵管回收卵。

2. 供体羊准备

供体羊手术前应停食 24～48h，可供给适量饮水。

（1）供体羊的保定和麻醉　供体羊仰卧在手术保定架上，固定四肢。肌内注射 2% 静松灵 0.2～0.5mL，局部用 0.5% 盐酸普鲁卡因麻醉，或用 2% 普鲁卡因 2～3mL，或注射多卡因 2mL，在第一、第二尾椎间作硬膜外鞘麻醉。

（2）手术部位及其消毒手术部位　一般选择乳房前腹中线部（在两条乳静脉之间）。用电剪或毛剪在术部剪毛，应剪净毛茬，分别用清水消毒液清洗局部，然后涂以 $2\%\sim4\%$ 的碘酒，待干后再用 $70\%\sim75\%$ 的酒精棉脱碘。先盖大创布，再将灭菌巾盖于手术部位，使预定的切口暴露在创巾开口的中部。

3. 术者准备

术者应将指甲剪短，并锉光滑，用指刷、肥皂清洗，特别是要刷洗指缝，再进行消毒。手术者需穿清洁手术服、戴工作帽和口罩。

4. 手术的基本要求

手术操作要求细心、谨慎、熟练；否则，直接影响冲卵效果和创口愈合及供体羊繁殖机能的恢复。

（1）组织分离

① 作切口注意要点：切口常用直线形；避开较大血管和神经；切口边缘与切面整齐；切口方向与组织走向尽量一致；依组织层次分层切开；便于暴露子宫和卵巢，切口长约 5cm；避开第一次手术瘢痕。

② 切开皮肤：用左手的食指和拇指在预定切口的两侧将皮肤撑紧固定，右手执刀，由预定切口起点至终点一次切开，使切口深度一致，边缘平直。

③ 切皮下组织：皮下组织用执笔式执刀法切开，也可先切一小口，再用外科剪刀剪开切开肌肉（用钝性分离法）。按肌肉纤维方向用刀柄或止血钳刺开一小切口，然后将刀柄末端或用手指伸入切口，沿纤维方向整齐分离开，避免损伤肌肉的血管和神经。

④ 切开腹膜：切开腹膜应避免损伤腹内脏器，先用镊子提起腹膜，在提起部位作一切口，然后用另一只手的手指伸入腹膜，用外科剪将腹膜剪开。术者将食指及中指由切口伸入腹腔，在与骨盆腔交界的前后位置触摸子宫角，摸到后用二指夹持，牵引至创口表面，循一侧子宫角至该输卵管，在输卵管末端拐弯处找到该侧卵巢。不可用力牵拉卵巢，不能直接用手捏卵巢，更不能触摸排卵点和充血的卵泡。观察卵巢表面排卵点和卵泡发育，详细记录。如果

排卵点少于 3 个，可不冲洗。

（2）止血

① 毛细管止血：手术中出血应及时、妥善地止血。对常见的毛细管出血或渗血，用纱布敷料轻压出血处即可，不可用纱布擦拭出血处。

② 小血管止血：用止血钳止血，首先要看准出血所在位置，钳夹要保持足够的时间。若将止血钳沿血管纵轴扭转数周，止血效果更好。

③ 较大血管止血：除用止血钳夹住暂时止血外，必要时还需用缝合针结扎止血。结扎打结分为徒手打结和器械打结两种。

（3）缝合

① 缝合的基本要求：缝合前创口必须彻底止血，用加抗生素的灭菌生理盐水冲洗，清除手术过程中形成的血凝块等；按组织层次结扎；对合严密、创缘不内卷、外翻；缝线结扎松紧适当；针间距要均匀，结要打在同一侧。

② 缝合方法：缝合方法大致分为间断缝合和连续缝合两种。间断缝合是用于张力较大、渗出物较多的伤口，在创口每隔 1cm 缝一针，针针打结。这种缝合常用于肌肉和皮肤的缝合。连续缝合是指在缝线的头尾打结。螺旋缝合是一种连续缝合方法，适于子宫和腹膜的缝合；锁扣缝合是如同做衣服锁扣压扣眼的螺旋缝合方法，可用于直线型的肌肉和皮肤缝合。

5. 采胚方法

（1）输卵管法　供体羊发情后 2～3d 采卵，用输卵管法。将冲卵管一端由输卵管伞部的喇叭口插入 2～3cm 深（打活结或用钝圆的夹子固定），另一端接集卵皿。用注射器吸取 37℃的冲卵液 5～10mL，在子宫角靠近输卵管的部位，将针头朝输卵管方向扎入，一人操作，一只手的手指在针头后方捏紧子宫角，另一只手推注射器，冲卵液由宫管结合部流入输卵管，经输卵管流至集卵皿。输卵管法的优点是卵的回收率高，冲卵液用量少，捡卵省时间。缺点是容易造成输卵管特别是伞部的粘连。

（2）子宫法　供体羊发情后 6～7.5d 采卵，用这种方法。术者将子宫暴露于创口表面后，用套有胶管的肠钳夹在子宫角分叉处，注射器吸入预热的冲卵液 20～30mL（一侧用液 50～60mL），冲卵针头（钝形）从子宫角尖端插入，当确认针头在管腔内进退通畅时，将硅胶管连接于注射器上，推注冲卵液，当子宫角膨胀时，将回收卵针头从肠钳钳夹基部的上方迅速扎入，冲卵液经硅胶管收集于烧杯内，最后用两手拇指和食指将子宫角抨一遍。另一侧子宫角用同一方法冲洗。进针时避免损伤血管，推注冲卵液时力量和速度应适中。子宫法对输卵管损伤甚微，尤其不涉及伞部，但卵回收率较输卵管法低，用液较多，捡卵较费时。

（3）冲卵管法　用手术法取出子宫，在子宫扎孔，将冲卵管插入，使气球位于子宫角分叉处，冲卵管尖端靠近子宫角前端，用注射器注入气体 8～10mL，然后进行灌流，分次冲洗子宫角。每次灌注 10～20mL，一侧用液 50～60mL，冲完后气球放气，冲卵管插入另一侧，用同样方法冲卵。

术后处理采卵完毕后，用 37℃ 灭菌生理盐水湿润母羊子宫，冲去凝血块，再涂少许灭菌液体石蜡，将器官复位。腹膜、肌肉缝合后，撒一些磺胺粉等消炎防腐药。皮肤缝合后，在伤口周围涂碘酒，再用酒精做最后消毒。供体羊肌内注射青霉素 80 万单位和链霉素 100 万单位。

三、检胚

1. 检胚操作

要求检卵者应熟悉体视显微镜的结构，做到熟练使用。找卵的顺序应由低倍到高倍，一般在 10 倍左右已能发现卵子。对胚胎鉴定分级时再转向高倍（或加上大物镜）。改变放大率时，需再次调整焦距至看清物象为止。

2. 找胚要点

根据卵子的密度、大小、形态和透明带折光性等特点找卵：①卵子的密度比冲卵液大，因此一般位于集卵皿的底部；②羊的

卵子直径为 $150\sim200\mu m$，肉眼观察只有针尖大小；③卵子是一球形体，在镜下呈圆形，其外层是透明带，它在冲卵液内的折光性比其他不规则组织碎片折光性强，色调为灰色；④当发现疑似卵子时晃动表面皿，卵子滚动，用玻璃针拨动，针尖尚未触及，卵子即已移动；⑤镜检找到的卵子数，应和卵巢上排卵点的数量大致相当。

3. 检胚前的准备

待检的卵应保存在 $37℃$ 条件下，尽量减少体外环境、温度、灰尘等因素的不良影响。检卵时将集卵杯倾斜，轻轻倒弃上层液，留杯底约 10mL 冲卵液，再用少量 PBS 冲洗集卵杯，倒入表面皿镜检。

在酒精灯上拉制内径为 $300\sim400\mu m$ 的玻璃吸管和玻璃针。将 10% 或 20% 羊血清 PBS 保存液用 $0.22\mu m$ 滤器过滤到培养皿内。每个冲卵供体羊需备 3~4 个培养皿，写好编号，放入培养箱待用。

4. 检胚方法及要求

用玻璃吸管清除卵外围的杂质。将胚胎吸至第一个培养皿内，吸管先吸入少许 PBS 再吸入卵。在培养皿的不同位置冲洗卵 3~5 次。依次在第二个培养皿内重复冲洗，然后把全部卵移至另一个培养皿。每换一个培养皿时应换新的玻璃吸管，一个供体的卵放在同一个皿内。操作室温为 $20\sim25℃$，检卵及胚胎鉴定需两人进行操作。

四、胚胎的鉴定与分级

1. 胚胎的鉴定

在 20~40 倍体视显微镜下观察受精卵的形态、色调、分裂球的大小、均匀度、细胞的密度与透明带的间隙以及变性情况等。凡卵子的卵黄未形成分裂球及细胞团的，均为未受精卵。发情（授精）后 2~3d 用输卵管法回收的卵，发育阶段为 2~8 细胞期，可清楚地观察到卵裂球，卵黄腔间隙较大。6~8d 回收的正常受精卵发育情况如图 5-1。

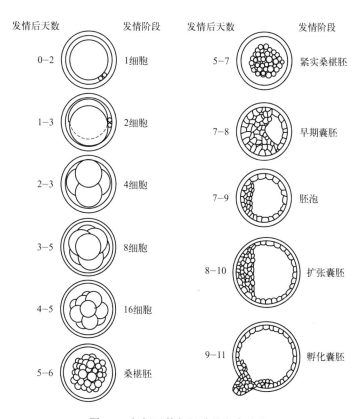

图 5-1 妊娠天数与胚胎的发育阶段

① 桑椹胚：发情后第 5～6d 回收的卵，只能观察到球细胞团，分不清分裂球，细胞团占据卵黄腔的大部分。

② 致密桑椹胚：发情后第 6d 回收的卵，占卵黄腔 60％～70％。

③ 早期囊胚：发情后第 7～8d 回收的卵，细胞团的一部分出现发亮的胚胞腔。

④ 囊胚：发情后第 7～8d 回收的卵，胚胞腔明显，细胞充满卵黄腔。

⑤ 扩大囊胚：发情后第 8～9d 回收的卵，囊腔明显扩大，体

积增大到原来的 1.2～1.5 倍，与透明带之间无空隙，透明带变薄，相当于原先厚度的 1/3。

⑥ 孵育胚：一般在发情后 9～11d 回收的卵，由于胚泡腔继续扩大，致使透明带破裂，卵细胞脱出。

凡在发情后第 6～8 天回收的 16 细胞以下非正常发育胚，不能用于移植或冷冻保存。

2. 胚胎的分级

分为 A、B、C 三级（图 5-2）。

① A 级：胚胎形态完整，轮廓清晰，呈球形，分裂球大小均匀。

② B 级：轮廓清晰，色调及细胞密度良好，可见到少量附着的细胞和液泡，变性细胞占 10％～30％。

③ C 级：轮廓不清晰，色调发暗，结构较松散，游离的细胞或液泡多，变性细胞达 43％～50％。

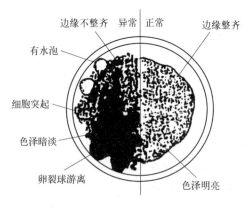

图 5-2　胚胎品质的衡量示意图

胚胎的等级划分还应考虑到受精卵的发育程度。发情后第 7d 回收的受精卵在正常发育时应处于致密桑椹胚至囊胚阶段。凡在 16 细胞以下的受精卵及变性细胞超过一半的胚胎，其中部分胚胎仍有发育的能力，但受胎率很低。

第二节　胚胎移植技术

一、受体羊的选择

选择健康、无传染病、营养良好、无生殖疾病、发情周期正常的经产羊进行胚胎移植（图 5-3）。

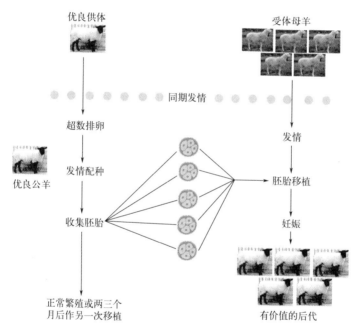

优良供体

受体母羊

同期发情

超数排卵

发情

优良公羊

发情配种

胚胎移植

妊娠

收集胚胎

正常繁殖或两三个
月后作另一次移植

有价值的后代

图 5-3　胚胎移植示意图

二、供体羊、受体羊的同期发情

1. 自然发情

对受体羊群自然发情进行观察，与供体羊发情前后相差 1 天的羊，可作为受体。

2. 诱导发情

绵羊诱导发情分为孕激素类和前列腺素类控制同期发情 2 类方

法。孕酮海绵栓法是一种常用的方法。将海绵栓在灭菌生理盐水中浸泡后塞入阴道深处，至 13～14d 取出，在取海绵栓的前一天或当天，肌内注射 PMSG 300～500 国际单位，约 24～36h 后受体羊可表现发情。

3. 发情观察

受体羊发情观察早晚各一次，母羊接受爬跨确认为发情。受体羊与供体羊发情同期差控制在 24h 内。

三、移植

1. 移植液

0.03g 牛血清白蛋白溶于 10mL PBS 中或 1mL 血清+9mL PBS，这两种移植液均含青霉素（100 单位/mL）、链霉素（100 单位/mL）。配好后用 0.22μm 细菌滤器过滤，置于 38℃培养箱中备用。

2. 受体羊的准备

受体羊术前需空腹 12～24h，仰卧或侧卧于手术保定架上，肌内注射 0.3%～0.5%静松灵。手术部位及手术要求与供体羊相同。

3. 简易手术法

对受体羊可采用简易手术法进行移植胚胎。术部消毒后，拉紧皮肤，在腹中线右侧鼠蹊部，离乳头 2cm 左右切开，术口长度为 1.5～2cm，用一个手指伸进腹腔，摸到子宫角引导至切口外，确认排卵侧黄体发育状况，用钝形针头在黄体侧子宫角扎孔，将移植管顺子宫方向插入宫腔，推入胚胎，随即子宫复位。皮肤复位后立即将腹壁切口覆盖，皮肤切口用碘酒、酒精消毒，一般不用缝合。若切口增大或覆盖不严密，应进行缝合。受体羊术后在小圈内观察 1～2d。圈舍应干燥、清洁，防止感染。

4. 移植胚胎注意要点

① 观察受体卵巢，胚胎移至黄体侧子宫角，无黄体不移植，一般移 2 枚胚胎。

② 在子宫角扎孔时应避开血管，防止出血。

③ 不可用力牵拉卵巢，不能触摸黄体。

④ 胚胎发育阶段与移植部位相符。

⑤ 对受体黄体发育按突出卵巢的直径分为优、中、差，即直径为 0.6~1cm 为优，直径为 0.5cm 为中，直径小于 0.5cm 为差。

四、受体羊饲养管理

受体羊术后 1~2 情期内，要注意观察返情情况。若返情，则应进行配种或移植；对没有返情的羊，应加强饲养管理。妊娠前期，应满足母羊对能量的摄取，防止胚胎因营养不良而导致早期死亡。在妊娠后期，应保证母羊营养的全面需要，尤其是对蛋白质的需要，以满足胎儿的充分发育。

第六章
羊的引种

第一节　引种与风土驯化

一、引种

引种是指从国外或外地引入优良品种、品系的种羊（含冻精或冷冻胚胎），用来直接改良当地或本场羊群品种或类型。引种成功的主要标准是：种羊被引到新的地方，在新的环境条件下不但能生存、繁殖、正常的生长发育，而且能保持其原有的基本特征和遗传特征，甚至产生了某些有益的变异。如湖羊先后被引入甘肃、内蒙古、河北、陕西、山西等省、自治区，其适应性、耐粗饲等主要优良特征表现突出，后来不仅在产肉量及繁殖效率方面接近原产地水平，有的甚至超过原产地水平。

为了引种成功，要根据引种的目的、当地的自然条件、气象因素、饲料和饲养管理条件、引入种羊的适应程度，正确选择引入的羊品种，应选择健康、无亲缘关系、无生殖生理缺陷、符合种羊标准的优秀种羊或其后裔。

二、风土驯化

风土驯化是指引入羊品种适应新环境条件的复杂过程。可以说风土驯化是人类根据自身的需要，把本地没有的动物品种驯养成适宜本地饲养动物的过程，因此风土驯化又称引种驯化。如某地区有某品种羊生存的可能，但实际上该地区并没有该品种的存在，为了满足该地区的需要，人为地由另一地区引入该地区饲养。引入后，必须提供必要的环境条件，通过驯养和不断人工选择，促使其向人类所需方向变异。作为引种驯化的一般原则，必须把生产需要、引入动物的生物学特性和欲引入地区的生态条件三者结合起来，统一考虑。对于引入的种羊要进行检疫，隔离一段时间，还要加强饲养管理，进行适应性驯化，以尽快达到风土驯化的目的。

动物被引入新生态环境后，对新环境的适应有两个途径。

① 直接适应：如果新生态环境不超出引入品种的适应范围，引入个体就可直接适应，然后经过每代在个体发育过程中逐代调整其体质，逐渐适应新生态环境。

② 定向改变遗传基础：当新生态环境超出引入品种的适应范围时，则引入个体不能适应，这时要通过选种、选配，尤其是培育，逐代选择那些适应较好的个体留种，逐代改变引入群体的基因组成和基因型频率，使引入品种在基本保持原有性能的前提下，定向改变其遗传基础。

上述两个途径不是互不相关的，通常二者同时起作用。一方面直接适应，逐渐调整其体质；另一方面在选种作用下逐渐改变遗传基础，实现引入品种的风土驯化。

三、引种与风土驯化的意义

为满足当地养羊生产所需，常从外地引入良种，有时还需引入一些本地原来没有的品种。引入品种在本地环境中能否正常生长、发育、繁殖后代，并保持原有的基本特征、特性和生产性能，是引种能否成功的关键。

随着国民经济的发展，为了迅速改善当地原有畜群结构或改良品种性能，满足本地生产、市场对一些特殊遗传资源或基因的需要，引种应该是一个快速高效的育种措施，以满足人们日益增长的多样化需要。国内外养殖业的不断引种，对推动养殖业发展起了重要作用。如我国细毛羊、奶山羊及肉羊品种从无到有，无一例外都采取了引种的技术手段。引入品种，必须经过风土驯化才能稳定和保持其原有的特征、特性。因此，引种是随社会经济条件的发展而产生的行为，风土驯化是引种的后续工作。

第二节　引种的基本原则

一、按生产用途选购种羊

引种时应按生产用途选购相应的品种。若需发展肉用羊，则可选购杜泊羊、澳洲白羊、无角陶赛特羊、萨福克羊、湖羊、小尾寒羊等。若需发展奶用羊，则可选购关中奶山羊、努比亚奶山羊、东弗里生羊等。若需发展绒山羊，则可选购辽宁绒山羊、内蒙古绒山羊等。

二、按照品种特征选购种羊

1. 肉用羊品种的基本特征

每一类型的羊都有其基本的品种特征，若需发展肉用羊，则所选购羊只必须具有肉用羊品种的基本特征。

（1）肉用体型明显　体躯宽、深、长而圆，头短小，颈短圆，臀丰满，四肢粗短，后视呈倒"U"形，侧视呈方形或长方形。

（2）早熟性好　早熟性包括性早熟和体早熟两个方面。性早熟是指羊达到性成熟并可发情配种的年龄早，肉用羊一般4～6月龄即可达到性成熟并可发情配种，比其他用途羊早2个月以上。体早熟是指羊的生长速度快，肉用羊周岁体重可达到成年体重的70%以上，也有达到85%以上的，比在同一条件下繁育的其他用途羊高10%～30%。

（3）增重快　羔羊生长发育快，3～6月龄的日增重多在200g以上，有些可达250g以上。

（4）出栏早　羔羊4～6月龄即可出栏上市。育肥羊经过1～2个月的快速育肥，即可达到出栏的育肥体况。

（5）繁殖力高　肉羊具有四季发情，长年配种，多胎多产，保姆性强，泌乳力高的特点，一般2年产3胎或3年产5胎，每胎产羔 2～3 个，产羔率多在 180％以上，年繁殖率多在 300％左右。高繁殖力是肉羊品种应兼有的优良特性之一，这样有利于安排合理的产羔与产肉季节，以及提高羊肉的生产效率。

（6）产肉性能佳 一般屠宰率应达 50％以上，净肉率应达 42％以上，胴体净肉率应达 75％以上。

（7）肉质优 肉质细嫩，多汁，蛋白质含量较多，脂肪含量适中（脂尾羊稍多），胆固醇含量低，大理石纹明显，营养丰富，不膻不腻，香味浓，口感好，易消化。

（8）饲养条件要求较高 由于肉羊生长发育、增重繁殖等生产性能较高，所以比其他用途羊所需要的饲草、饲料等饲养条件也要高，通常舍饲育肥和半舍饲半放牧育肥是肉羊最适宜的饲养方式，放牧育肥方式仅限于少数品种或放牧条件优良的局部地区，多数肉羊品种难以尽快适应较差的放牧条件。良种还需良养，才能发挥良种的生产潜力。

（9）生物学效率高 肉羊由于生产性能高、生产周期短、周转快，因此，生物学效率或产肉效率（每消化 100 单位的可消化有机物质所生产的胴体重量）较高，尤以多胎多产品种或由体大公羊与体小母羊交配所获后代的生物学效率为高。无论是现在还是将来，肉羊的生产效益必将继续高于除乳羊业以外的其他养羊业，这也正是多年来国内外肉羊业迅猛发展的根本原因所在。

2. 乳用羊品种的基本特征

若需发展乳用羊，则所选购羊只必须具有乳用羊品种的基本特征。

（1）乳用体型应明显 体长，颈长，头长，腿高，胸宽，肋圆，尻长，乳静脉粗大，乳房基部宽深、容积庞大。

（2）群结构应合理 成年羊、青年羊和羔羊应按 30：30：40 的比例引种，这样才有利于羊群周转和提高经济效益。

（3）公母比例应合适 公羊太少，易造成母羊空怀、公羊阳痿、近亲繁殖。通常公母比例应以 1：10 左右为宜。

（4）了解亲缘关系，防止近亲过多 引种羊个体间有亲缘关系的羊不可过多，以防近亲交配。

（5）看生殖功能是否正常　若母羊阴唇大，阴蒂长，阴门小，排尿异常，过于肥胖，雄相；公羊阴囊小，包皮偏后，阴茎短，独睾、隐睾、小睾，雄性特征不明显，母相，则这些羊可能是不孕羊或间性羊，不能要。

（6）精神状况　健康奶山羊活泼好动，反应灵敏，食欲旺盛，精神饱满。

（7）年龄大小　根据牙齿来判断年龄大小，门齿为乳齿时，年龄不足1岁，乳门齿脱换为1对、2对、3对、4对永久门齿时，年龄分别为1～1.5岁、1.5～2岁、2～2.5岁、2.5～3岁。

3. 乳用羊是否高产的判断标准

（1）乳房形状　从外观看，乳房可分为紧缩型、松弛型和圆大型3种，其中以圆大型为佳，紧缩型和松弛型为差。

① 紧缩型：乳房紧小，形似小球；乳头短而细小，不便挤奶。这类乳房容积小，产奶量低。

② 松弛型：乳房松弛下垂，底部垂至飞节或飞节以下；乳头短粗，与乳房界限不明显，形似一个长袋，行走不便，易被树茬等划破而引起乳房炎。这类乳房容积大，产奶量较高。

③ 圆大型：乳房丰满且对称，前面延伸到腹部，中间充塞于两股之间，后面突出于后肢的后方，上与腹部紧贴；乳头大小适中，稍伸向前方，乳头与乳房有明显界限。这类乳房容积大，产奶量高。

（2）乳房结构　高产乳房皮肤细而薄，表面无毛或基部有少量绒毛；触摸柔软而富有弹性，内无硬核；挤奶前乳房膨大丰满，挤奶后显著缩小，表面有许多皱褶；腺体组织发达，结缔组织少，这种乳房被称为腺体乳房。低产乳房皮肤粗而厚，无弹性，内有硬核；乳房容积在挤奶前后变化较小；腺体组织少，结缔组织多，这种乳房被称为肉质乳房。

（3）乳静脉大小　凡乳静脉粗大，延伸长，弯曲明显，侧面分支血管多的羊，泌乳力强，产奶量高；凡乳静脉细小，无明显弯曲，侧面血管分支少的羊，泌乳力弱，产奶量低。

三、按生态适应性选购种羊

每个品种都有其生态学特点，即可适应于特定的生态环境条件，特别是自然地理条件和自然气候条件。若引入品种原产地的生态环境条件与引入地的大体接近，则引入品种容易驯养，并能较好地发挥生产潜力；否则，引入品种难以驯养，并会出现品种退化、生产性能下降的现象。一般幼龄或青年羊比老龄羊容易驯养和适应新的生态环境条件。因此，引种时要有计划、有目的地选购那些能够适应本地生态环境条件的优良羊种。羊地理分布的严格地域性，给我们提出了以下引种羊时的生态学要求。

（1）分析拟引进羊的适应能力　引进种羊时必须仔细分析原产地与引入地在环境条件方面的差异性或相似性。相似性愈大，引种成功的可能性也就愈大。

（2）用过渡的方法逐步引入　若引入地与原产地的生态环境条件差异大，可把羊先从原产地引到环境条件介于原产地与引入地之间的地区，待羊逐步适应后，再引至计划引入的地区。也可以从该品种已经推广到的地区引羊，而不直接从原产地引羊。

（3）选择适宜的引羊季节　从温暖地区引到寒冷地区，以春季较为合适，这时春暖花开，牧草返青，气候和饲养条件都比较好，再经过夏秋两季饲养，羊体质增强，适应能力提高，容易越冬。从较冷的地区引到较热的地区，则以秋季为宜，这样有助于安全度夏。

（4）选择适宜的年龄　一般来讲，青年羊正处在生长发育阶段，各种生理机能都非常旺盛，适应能力强，引种易于成功。

（5）引入冷冻精液　也可以用引入冷冻精液来代替引入公羊，给当地母羊配种，这样获得的后代，既具有外来品种的优良性状，又保持当地品种的良好适应性，生产性能和经济效益高。并且引入冷冻精液远比引入公羊在经济上要合算。

（6）级进杂交代数要适当　如用引入品种羊级进杂交改良当地

品种，一般以 2～3 代为宜，这样所获后代杂交优势最大，既具有引入品种的优良生产性能，又具有当地品种的良好适应性能。若级进杂交代数过高，会使后代杂交优势降低，失去当地品种的适应能力。在育种工作中，要充分注意羊的适应问题，应走出认为杂交代数愈多愈好的误区。

四、按发展前景选购种羊

应从生产性能、经济效益、生态效益、社会效益、畜牧业规划、市场大小等方面来考察拟引入品种的发展前景。若前景广阔，则可引进繁育向外推广。当前，湖羊、小尾寒羊等品种，发展前景甚好，值得引种开发。

五、按来源容易原则选购种羊

我国不但有从国外引入的优良羊种，如杜泊羊、澳洲白羊、萨福克羊、无角陶赛特羊等，而且有自己的优良羊种，如湖羊、小尾寒羊等。各地应按来源容易的原则尽可能选购国内种羊。若一味地追求那些稀少的、价格昂贵的从国外引进的优良羊种，有时会造成引种成本过高、难以尽快获益的被动局面。事实上，我国一些品种的生产性能，比国外品种还要优良。

六、按由小到大的规模进行引种

引种数量应视自身的经济能力、圈舍大小和养殖经验而定。一般应先小规模引种（100～500 只），获得效益和经验并增加圈舍和草料后，再大规模引种（500 只以上），逐步扩大，滚动发展。

七、按最经济的原则进行引种

采用引进优良公羊与当地母羊进行育种杂交或经济杂交；用引进优良公羊冷冻精液给当地母羊进行人工授精；将外来良种羊胚胎移植到本地母羊子宫内，即借腹怀胎或利用胚胎移植等措施，既可降低引种成本，又可达到发展良种的目的。

八、按最佳年龄结构的要求引种

种羊场的羊由羔羊、青年羊和成年羊组成，合理的年龄结构，能保证生产的正常运转和取得最佳的经营效果。为保证按最佳年龄结构来引种，选羊时需识别羊的年龄大小，其准确的方法是看羊的耳标号和系谱档案资料。若没有，就要根据牙齿生长脱换、磨损和松动等规律而定，门齿为乳齿时，年龄不足 1 岁；乳门齿脱换为 1、2、3、4 对永久门齿时，年龄分别为 1~1.5、1.5~2、2~2.5、2.5~3 岁左右；4 岁时，8 个门齿的咀嚼面较为平齐，称齐口或新满口；5 岁时，门齿出现磨损，称老满口；6 岁时，磨损更多，门齿间出现明显的缝隙；7 岁时，门齿间缝隙更大，称破口；8 岁时，牙齿松动；9 岁时，牙床上只剩点状齿星，称老口，此时羊的生产性能已非常低，一般都要淘汰。种羊场引种时，提倡断奶羔羊（3~6 月龄）、青年羊（7 月龄~2 岁以下）、成年羊（2 岁以上）按一定比例引进。

第三节 引种的技术措施

一、引种前的准备工作

1. 设计引种方案

根据具体情况，按照种群来制定方案，确认所需要的品种及总数量，有目的性地挑选和采购可以增强当地种羊某种功能，并且要引入与当地羊群实际健康情况一样的优质品种。要是进入核心群而开展育种的，需要采购顺利通过生产功能检测之后的种羊。建设种羊场时应综合考虑整个羊场的实际生产规模、产品经营市场及羊场以后发展的前景等方面来设计方案，确定将要引种的种羊总数量、种类与性别。按照引种方案，挑选品质好、信誉良好的大规模种羊场进行引种。

2. 确定公母比例

仔细考虑成本、场所与引种种羊的目的来制定引种种羊的总数量及性别的真实比重。通常情况下将引入生产当中三代之内不能产生近亲结合作为重要准则。

3. 引种地疫病流行情况调查

一定要从没有疫病流行的地方引种，进行细致缜密的调查与研究，掌握此种羊场的基本免疫环节及实际免疫状况。

4. 熟悉种羊选育标准

要熟悉公羊的具体生长速率、饲料实际转化程度等指标。母羊要熟悉其繁殖性能（如生产幼崽数量、配种后怀孕比例和初配月龄等）。在开展种羊引种时最好结合种羊的具体指标来完成选种。

5. 隔离舍准备

羊场需要设置隔离区域，和生产舍之间的距离最好有 300m 以上，在种羊进入养殖场前 10d（最少是 7d）需要对隔离区域和各种工具做好消毒处理，要挑选品质良好的消毒液、复合酚消毒剂等开展反复的消毒。

6. 准备药物和医疗设备

在引入种羊过程中时常会配备清热解毒、杀菌消炎、抑虫祛毒的药品来避免突发状况的出现，如安乃近、青霉素、30%～35%的长效土霉素等。时常用到的医疗设备有金属注射器械、听诊工具、温度计等。

7. 用好专业人员

专业人员需要选择高校或职业技术学校养殖专业毕业学生及深耕于养殖产业多年，具备大量养殖经验的人员。

二、正确选择引入品种

当地没有能满足生产市场系统所需的品种时，可以考虑引种。选择引入品种的主要依据有二：①该品种的经济价值和种用价值，应当达到世界一流水平；②有良好的适应性，高产是引种的必要性，适应是引种的可能性。

一般情况下，养殖历史长、分布广的品种常具有较好的适应性。引入地生态环境与原产地差异小时引种易成功。不过为了确保成功，应做引种试验。先少量引种，观测引入个体对本地生态环境的反应，制定对策，然后再大量引种。当原产地与引入地生态环境差异较大时，经验表明，自热带引入温带地区易成功，反之则难以成功。这是因为家畜在生理上适应低温的能力强，人工防寒设备比防高温设备简单、经济，并且一般热带饲养管理较粗放。

三、慎重选择引入个体

一个品种是由大量个体组成的，个体之间都有差异。因此，引种时要认真选择引入个体，要注重引入个体的体质外形、生长发育状况及生产力高低，同时要查系谱，了解引入个体性状的遗传稳定性，并防止引入遗传缺陷病。

引入个体间一般不应有亲缘关系，公羊最好来自不同家系，这样可使引入种群的遗传基础广些，有利于今后选育。此外，幼年个体对新环境的可塑性好，适应能力强，所以引入幼年羊容易成功，当然必要时也可以引进胚胎。

要根据体型外貌来选择种羊，有条件的要查阅系谱，种羊应健康无病，个体外形特征要符合品种要求，不允许有任何损征和失格。

（1）看羊群的体型、肥瘦和外貌等状况　种羊的毛色、头型、角和体型等要符合品种标准。所选种羊要体质结实，体况良好，前胸宽深，四肢粗壮，肌肉组织发达。公羊要头大雄壮、眼大有神、睾丸发育匀称、性欲旺盛，特别要注意是否为单睾或隐睾；母羊要腰长腿高、乳房发育良好。胸部狭窄、尻部倾斜、垂腹凹背、前后肢呈"X"状的母羊，不宜作种用。

（2）看年龄　主要通过售羊单位的相关育种记录确定年龄，若记录不可查时，可通过牙齿的变换、磨损和脱落等现象进行初步判断。

（3）判断羊的健康状况　健康羊活泼好动，两眼明亮有神，毛有光泽，食欲旺盛，呼吸、体温正常，四肢强壮有力；病羊则毛散乱、粗糙无光泽，眼大无神，呆立，食欲不振，呼吸急促，体温升高，或者体表和四肢有病等。

（4）查看系谱和检疫证　一般种羊场都有系谱档案，出场种羊应配有系谱卡，以便掌握种羊的血缘关系及父母、祖父母的生产性能，估测种羊本身的性能。从外地引种时，应向引种单位取得检疫证，一是可以了解疫病发生情况，以免引入病羊；二是在运输途中检查时，只有手续完备的畜禽品种才可通行。

四、合理选择调运季节

为使引入个体在生活环境上的变化不太突然，使个体逐步适应，因此在调运种羊时应注意原产地与引入地的季节差异。影响品种的自然因素较多，其中气温对品种的影响最大，因此一定要选择好引种季节，尽量避免在炎热的夏季引种。同时，要有利于引种后的风土驯化，使引种羊尽快适应当地环境。从低海拔向高海拔地区引种，应安排在冬末春初季节；从高海拔向低海拔地区引种，应安排在秋末冬初季节；在此时间内两地的气候条件差异小，气温接近，过渡气温时间长，特别在秋末冬初引种还有一个更大的优点，就是此时羊只膘肥体壮，引进后在越冬前还能够放牧，只要适当补充草料，种羊就能够容易越冬。

五、严格检疫

我国通过引种曾引入很多新疫病，给生产带来巨大损失。因此，在引种时必须进行严格检疫，按进出口动物检疫法程序进行。在我国境内引种也要严格执行检疫隔离制度，确保安全后方可正常入群饲养。一般境外引种须在隔离场隔离观察45d，境内引种须隔离观察30d。

六、种羊的运输

1. 运输前的准备

（1）运输方式　短距离（如省内、邻省等）运输以汽车运输较好，因为汽车运输比其他方式更灵活、更方便，便于在运输途中观察和护理羊只。汽车运输要求车况良好，以免运输途中发生机械故障而耽误时间，同时要配备篷布，防止日晒雨淋；检查车厢内有无突出尖锐物（如钢钉等），以免刺伤羊只。此外，货箱门要牢固，采用双层运输时支架及上层货架一定要固定好，以免运输途中因支架折断后上层货架塌落压伤压死羊只。车厢也要消毒，运输前可选用10%的生石灰水或3%～5%的苛性钠水溶液喷洒。

（2）驾驶员和押运员 驾驶员应选择技术精湛、经验丰富、应变力强的人，要带齐各类行车证件。押运员必须是业务骨干，而且责任心强，能吃苦耐劳，年富力强。要办好各种过境证明（如种畜运输证明、检疫证明等），防止运输途中遇检查时因手续不齐全而受阻，延长时间。

（3）器械准备 要备好提水桶、兽用药械（如注射器等）、应急抢救药物（如镇静、消毒、强心等药物）、手电筒等。

（4）备足草料 要根据羊只运输数量、行程的远近来备足运输途中种羊所需的草料。

（5）妥善安排接车工作 调运前要安排专人在引种到达地点负责接车验收，保证引进种羊有专人专管。

2．运输

运输途中羊只难免会产生各种应激反应，但只要选好适宜的运输方式，采取科学的护理方法，就可以减少不必要的损失，将种羊顺利运到引种目的地。要根据车厢大小确定运输数量，装运应以羊只不拥挤为宜，起运前要给羊只喂足草料及饮水。运输途中要求中速行车，尽量减少车体剧烈颠簸，防止羊只因拥挤、踩压，造成伤亡。

七、加强引入种群的选育

不同品种对引入地生态环境的适应性不同，同一品种内个体间也有差异。引种后应加强选种、选配和培育，使引入种群从遗传上适应新的生态环境。

若引入地生态环境与原产地相差很大，不能直接引种，则可考虑改良杂交，使引入品种的遗传成分逐代增加，使之在选育作用下逐代适应。也可用引入品种与本地品种杂交，搞杂交育种。

对引入品种选育的同时，还要逐代扩群，选育到一定程度就可开展品系繁育，建立符合我国生态环境和市场需求的新品系，并扩大生产，在本地养殖业中大量使用。

八、加强引入种羊的饲养管理

加强引入种羊的饲养管理和适应性锻炼。引入第一年很关键，要尽量创造条件使饲养管理与原产地接近，然后逐渐过渡到引入地的饲养管理条件。为防水土不服，还可带些原产地饲料，供途中和初到引入地时饲喂。另外，还应尽量创造与原产地相同的小环境。

加强适应性锻炼和改善饲养管理条件同样重要。应加强引入个体的锻炼，使之逐渐适应引入地的生活环境。引入种羊后的管理也十分重要，种羊到达新环境后不可以立马对其进行喂饮，而是要先提供品质良好容易消化的饲料并少量多次提供纯净水。由于草料和周边环境会与之前有一定差异，所以很容易会让羊群出现消化不良、口膜炎或结膜炎等情况，需要在第一时间对症下药，在羊群进入本场 7～14d 后再为种羊注射一次疫苗，同时进行一次驱虫。

1. 隔离及时消毒

新引入的种羊都要先在隔离区域饲养，而不是马上送入羊场养殖舍，防止引发新的疾病。在种羊进入本羊场后需要马上对装载车辆、羊群和车辆周边地面做好消毒处理，接着把种羊卸下，根据大小、性别开展分种群养殖，有一定损伤或者是其余非正常现象的种羊需要马上进行隔离养殖，同时做好治疗与处理。

2. 科学饮水，强化补饲

先为羊群供应充足的饮水（淡盐水或者补盐液），在休息 6～12h 后才能提供少量饲料。在 2d 后进行放牧，从近处到远处，慢慢增加放牧程度。在种羊进入养殖场后的前 14d，因为过度劳累再加之周围环境的改变，种羊机体免疫力降低，在养殖管理上需要注意尽可能减少应激，在饲料中加入畜用电解多维，让种羊以最快的速度恢复健康。因为长时间运输，羊群身体情况较弱，每天的放牧时间和强度都不可太高，所以，每天都需要进行一定程度的补料。每只种羊补饲料的数量是青草 1.5～2.5kg、玉米粉 100～150g、麸皮 50g、食盐 5g，并且要重视提供充足的水分。

3. 检疫观察

在所有种羊进入羊场后一定要在隔离区域内隔离 20～30d，严格做好检疫工作，尤其是对布鲁氏菌病要格外注意。还应采取少量血液输送到相应兽医检疫机构完成检查，确定种羊没有感染上细菌及病毒，然后追踪监测传染性肺膜炎、口蹄疫等疫病情况。

4. 全面驱虫

从种羊进入羊场 7d 开始需要根据羊场免疫系统来接种各种疫苗，而后备种羊在这一阶段内也要进行部分免疫，如三联四防、细小病毒等。在对种羊开展隔离过程中，要完成一次全方位的驱虫工作，需要借助长效伊维菌素或阿维菌素等驱虫剂，对种羊皮下注射，以达到驱虫的目的，让其可以切实体现出生长潜能。在隔离完全结束后要对这一批种羊做好体表消毒处理，再运送到养殖区域进行正常饲养。

九、引种时的注意事项

1. 要避免盲目引种

随着经济的发展，羊产品的需求越来越大。但由于市场调节，羊产品有时在市场上起落无常，所以引种前要搞好市场调查，搞清所引进品种的市场潜力，有发展前途则可以引进，无则不能引进，盲目引种只能导致养殖失败。

2. 引种要讲方法

无论从国外还是从国内引种，一般有三种方法：①直接引进纯种个体；②引进胚胎，进行胚胎移植；③引入精液（冻精）。三种方法各有利弊。胚胎和精液（冻精）便于携带和运输，但所需繁殖时间长。直接引进纯种，虽然运输较困难，但可使利用时间大为提前。

3. 引种数量与资金要相配套

引种数量多少，应由引入品种的目的、引入后的使用方法、能提供种资金的多少，以及引种单位的饲养管理条件、水平等因素决定。河北省某羊场投资上百万元，从国外引进纯种进行养殖，前期投资积极有力，然而后期资金不到位，引种后没有得到良好的发展，加之缺乏市场经验，使养殖场出现经营困难，甚至举步维艰的状况。

4. 对供种单位的信誉进行调研

提供纯种的单位的信誉或者中介单位的信誉也十分重要。国内引种大多数一手交钱一手交货，很少需要中介单位，过程简单，违约现象少，即使违约，国内官司也较好处理。但从国外引进品种，大多是先付款，起码要先付多半。如果国外供种单位违约，中介单位又左右搪塞，引种方只能苦等。

5. 慎重考虑引进品种的经济价值

由于媒体的过分炒作或供种单位的过分夸大宣传，使超出商品价值部分的其他费用加大，难免出现现货不抵值的现象。一旦引进就会花费很多，加上引进者如果缺乏足够的考查了解，盲目听信他人说教，有时引进之后就会与所期望的相差甚远。

6. 引什么种要因地制宜

从引种单位的地理环境，特别是地形地貌、气候和饲草资源实际出发，考虑引什么品种、引绵羊还是引山羊，应慎重做出决定。不是所有品种的羊都能在同一地域很好地生长繁殖。北方饲草资源丰富，地域广阔而平坦，但气候寒冷，因此以选择引进较耐寒的绵羊品种或绒山羊为宜。山区多因地形因素选择善于登山的山羊品种；半山区和丘陵地带如果气候条件适宜，则引进品种选择较多。在南方，一般会由于高温高湿而导致毛用羊很难适应。

总之，由于引进纯种投资较大，所以各方面的问题都应引起重视，一旦一个或者几个环节考虑不周，往往就会造成巨大损失。

十、羊引种失败原因分析

优良种羊只有适应当地生活条件，才能提高生产，否则就不能发挥其优良性能。关于如何引种，我国著名的养羊科学专家汤逸人教授曾经指出："引进前应充分调查其所需自然环境条件、饲养管理条件，弄清其生产性能、常见疫病和寄生虫病。购入之后应放在其所需要的环境条件下，进行科学饲养和繁殖"。引种要使内因和外因相矛盾的双方统一起来，才能顺利发展生产。

第四节　国家羊核心育种场建设

国家核心育种场是畜禽遗传改良计划的重要组成部分，对保障畜牧业生产核心种源质量，持续提高种畜禽生产水平和养殖效益，满足多元化畜禽产品消费需求具有重要意义。

一、基本条件

① 取得《种畜禽生产经营许可证》，达到与养殖规模相符合的环保要求。

② 具备较强的自主创新能力，具有较好的育种或扩繁工作基础，商业化育种模式基本建立。配备能满足需要的设施设备和信息化数据管理系统。

③ 设有育种或繁育部门，有与本场规模相适应的专职专业技术人员，有执业兽医师，或开展科企紧密合作，技术力量较强。

④ 取得《动物防疫条件合格证》，疫病防控能力强。种群健康状况良好，符合种用动物卫生健康标准要求。

⑤ 符合《全国畜禽遗传改良计划实施管理办法》规定的羊重大或重要疫病控制要求。经省级以上动物防疫机构检测，口蹄疫达到国家规定的免疫无疫标准，免疫抗体合格率85％以上且病原学检测阴性；布鲁氏菌病达到非免疫净化标准，布鲁氏菌抗体检测阴性；小反刍兽疫根据当地免疫政策规定，达到免疫无疫，即免疫抗

体合格率 90％以上且病原学检测阴性（要求小反刍兽疫强制免疫的地区）或者非免疫净化标准（要求小反刍兽疫不免疫的地区）。其他疫病防控符合国家相关要求。

二、种群要求

① 生产经营的种羊应为《国家畜禽遗传资源品种名录》收录或通过农业农村部公告的品种。

② 种群符合本品种特征，无遗传缺陷和损征，质量符合种用要求。

③ 核心群基础母羊单品种数量要求：

肉羊，绵羊地方品种或培育品种不少于 1200 只；山羊地方品种或培育品种不少于 800 只；绵羊或山羊引进品种不少于 800 只。

毛（绒）用羊，绵羊地方品种或培育品种不少于 1200 只；山羊地方品种或培育品种不少于 800 只；绵羊或山羊引进品种不少于 800 只。

乳用羊、绵羊或山羊培育品种或引进品种不少于 800 只。

三、技术要求

① 对标羊遗传改良计划，有 5 年以上的育种方案，目标明确、年度生产性能、繁殖性能指标具体。严格执行育种规划、种羊选育方案，开展遗传评估，并有前 2 年选育工作总结报告。

② 种羊生产性能测定制度健全，并严格执行。有完整的配种和产羔记录，记录及时、清晰。

③ 有近 2 年以上持续开展的种羊生产性能测定记录，年测定核心群个体应全覆盖，绵羊不低于 800 只、山羊不低于 600 只。初生重、断奶重、6 月龄体重体尺、12 月龄及 24 月龄体重体尺、体型外貌鉴定、产羔率和断奶成活率等测定指标记录完整且无间断。

④ 有口蹄疫、布鲁氏菌病、小反刍兽疫等主要动物疫病净化维持方案、记录。

⑤ 生物安全防护体系、健康养殖技术体系健全，相关规章制

度、管理措施合理，具有可操作性。

四、遴选现场审核要求

（一）申报单位按照现场审核表要求，准备多媒体汇报材料并进行汇报。

（二）申报单位现场提供与育种相关的育种计划、工作技术总结、管理制度等文字材料。

（三）现场抽查

1. 种群存栏检查

采用随机抽查整圈种羊存栏数量与随机抽查其他指定圈舍中指定栏位种羊数量相结合的方法，核查申报种羊存栏数量。以现场随机抽样的方法，对核心群种羊质量与遴选标准的符合性进行检查。

2. 测定情况检查

对个体测定数量、生产性能测定记录、测定指标是否齐全合理等进行随机抽查。

3. 现场仪器、设施设备检查

主要包括与生产性能测定、环保、健康养殖等有关的仪器、设施设备。重点检查电子秤、超声波测定仪等测定设备的数量、放置场所、工作稳定性等，并核查设备检定计划和检定证书等。

4. 系谱档案、记录检查

主要包括系谱档案、生产性能测定记录、繁殖记录、疫病监测、防疫记录、工作记录等。应对申报品种近 3 个世代的系谱档案和选种选配、配种记录、产羔记录、育种方案、育种总结、疫病净化方案、病死畜无害化处理方案等记录的完整性、规范性、及时性等进行抽查。应从系谱记录中随机抽取不少于 20 只在群羊只耳号，赴饲养场所核查其在群及其他与遗传改良工作相关的情况，并据实记录每只羊的情况。

5. 主要疫病净化情况抽查

现场查看最近 3 个月省辖市级以上动物疫病预防控制机构对所申报种羊场口蹄疫、布鲁氏菌病、小反刍兽疫的检测报告和结果，检测样品种类、数量、方法及结果判定标准等符合国家相关规定。

6. 人员能力抽查

可通过现场提问、交流，关键育种技术实操考查等形式，对育种、技术服务岗位主要专业技术人员的任职能力等加以抽查。

五、核验程序

（一）办公室对申报单位近 5 年数据和总结报送的及时性、有效性和完整性及遗传改良进展、年度考核等进行综合考评。达到规定要求的，通过综合考评。未通过的不再进入核验程序。

（二）办公室组织羊专家委员会开展核验现场审核。现场审核专家组为 2～3 人，其中 1～2 名为羊专家委员会成员，1 名省级畜牧技术管理专家。现场审核专家组按照《国家羊核心育种场核验现场审核表》要求，对申报单位的相关情况逐项审核、打分，现场审核总分平均获得 80 分（含）以上的申报单位，通过现场审核。专家组形成现场审核意见，并给出结论。被审核申报单位确认审核结论，签字或加盖单位公章。现场审核的重点为申请核验单位上期遗传改良工作取得的进展、下期工作具备的基础及计划目标的合理性等。

（三）现场审核通过后，办公室统一组织会议评审，进行集中讨论和表决。出席会议的专家不少于羊专家委员会成员的三分之二。表决采取无记名投票方式。同意票数超过到会专家三分之二的，通过会议评审。

（四）通过会议评审的，延续国家羊核心育种场资格，有效期 5 年。未通过综合考评和会议评审的，核验不通过，报种业管理司批准，取消其国家羊核心育种场资格。

截至 2023 年，现有的 50 家国家羊核心育种场名单见表 6-1。

表 6-1 国家羊核心育种场名单

序号	单位名称	品种
1	天津奥群牧业有限公司	杜泊羊
2	衡水志豪畜牧科技有限公司	小尾寒羊
3	内蒙古赛诺种羊科技有限公司	杜泊羊
4	内蒙古草原金峰畜牧有限公司	昭乌达肉羊
5	内蒙古富川养殖科技股份有限公司	巴美肉羊
6	呼伦贝尔农垦科技发展有限责任公司	呼伦贝尔羊
7	苏尼特右旗苏尼特羊良种场	苏尼特羊
8	敖汉旗良种繁育推广中心	杜泊羊
9	朝阳市朝牧种畜场有限公司	杜泊羊(夏洛莱羊)
10	辽宁省辽宁绒山羊原种场有限公司	辽宁绒山羊
11	乾安志华种羊繁育有限公司	乾华肉用美利奴羊
12	黑龙江农垦大山羊业有限公司	德国美利奴羊
13	江苏乾宝牧业有限公司	湖羊
14	浙江赛诺生态农业有限公司	湖羊
15	杭州庞大农业开发有限公司	湖羊
16	长兴永盛牧业有限公司	湖羊
17	合肥博大牧业科技开发有限责任公司	黄淮山羊
18	安徽安欣(涡阳)牧业发展有限公司	湖羊
19	嘉祥县种羊场	小尾寒羊
20	临清润林牧业有限公司	湖羊
21	河南中鹤牧业有限公司	湖羊
22	四川南江黄羊原种场	南江黄羊
23	成都蜀新黑山羊产业发展有限责任公司	金堂黑山羊
24	云南立新羊业有限公司	云上黑山羊
25	龙陵县黄山羊核心种羊有限责任公司	龙陵黄山羊
26	陕西黑萨牧业有限公司	萨福克

序号	单位名称	品种
27	千阳县种羊场	关中奶山羊
28	陕西和氏高寒川牧业有限公司东风奶山羊场	关中奶山羊
29	甘肃中盛华美羊产业发展有限公司	湖羊
30	武威普康养殖有限公司	湖羊
31	甘肃省绵羊繁育技术推广站	甘肃高山细毛羊
32	民勤县农业发展有限责任公司	湖羊
33	宁夏中牧亿林畜产股份有限公司	杜泊羊、萨福克羊
34	红寺堡区天源良种羊繁育养殖有限公司	滩羊
35	拜城县种羊场	新疆细毛羊
36	新疆巩乃斯种羊场有限公司	新疆细毛羊
37	河北唯尊养殖有限公司	湖羊
38	鄂尔多斯市立新实业有限公司	内蒙古白绒山羊
39	内蒙古杜美牧业生物技术有限公司	湖羊
40	湖州怡辉生态农业有限公司	湖羊
41	山西十四只绵羊种业有限公司	东佛里生
42	宁陵县豫东牧业开发有限公司	波尔山羊
43	浏阳市浏安农业科技综合开发有限公司	湘东黑山羊
44	四川天地羊生物工程有限责任公司	简州大耳羊
45	宁夏朔牧盐池滩羊繁育有限公司	滩羊
46	左权县新世纪农业科技有限公司	太行山羊
47	彰武县天丰种羊养殖有限公司	夏洛莱羊
48	济宁青山羊原种场	济宁青山羊
49	羽县富兴牧业有限公司	黔北麻羊
50	甘肃中环牧业有限公司	萨能奶山羊

第七章
种羊生产性能测定

一、测定条件

① 待测种羊必须健康、生长发育正常、无遗传缺陷。

② 待测种羊父、母亲个体号（ID）应正确无误。

③ 待测种羊的营养水平应达到相应饲养标准的要求，饲养环境及其卫生条件参照 NY/T 1167—2006 标准。

④ 待测种羊的圈舍、运动场、光照、饮水和卫生等管理条件应基本一致。

⑤ 测定和记录工作应由经过培训并取得技术资格证的人员专门负责。

⑥ 测定场应有健全的卫生防疫制度、消毒制度、免疫程序和疫病检疫制度。

二、测定形式

测定站测定和场内测定。

三、测定项目

1. 通用性状

（1）基本测定项目　初生重、断奶重、6 月龄重、周岁重、成年体重；公羊繁殖性能：精液量、精子密度、精子活力、精子畸形率；母羊繁殖性能：性成熟年龄、初配年龄、产羔率、繁殖成活率。

（2）辅助测定项目　体高、体长、胸围、管围。

2．肉用性状

（1）基本测定项目　90日龄体重、6月龄体重、宰前活重、胴体重、屠宰率。

（2）辅助测定项目　背膘厚、眼肌面积、肋肉厚（GR值）、肉骨比、腰肉重、后腿重、胴体净肉率、肉色、失水率和体况评分等。

3．毛用性状

（1）基本测定项目　剪毛量、净毛量、剪毛后体重、被毛密度、毛丛自然长度、纤维直径、羊毛油汗（包括含量和颜色）。

（2）辅助测定项目　净毛率、羊毛强伸度、羊毛匀度、羊毛弯曲形状和弯曲大小。

4．绒用性状

（1）基本测定项目　抓（剪）绒量、抓（剪）绒后体重、纤维直径、净绒率、羊绒颜色。

（2）辅助测定项目　绒层厚度、羊绒强度。

5．羔裘皮用性状

（1）基本测定项目　被毛光泽、花纹类型、皮板质量、皮毛面积、皮重。

（2）辅助测定项目　皮张厚度、正身面积、花案面积。

6．乳用性状

（1）基本测定项目　90天产奶量、泌乳期产奶量、乳干物质率、乳脂率、乳蛋白率。

（2）辅助测定项目　后代群体泌乳期平均产奶量。

四、测定方法

按附录1的规定进行测定。

五、种羊登记

1．登记对象

① 从国外引进已登记或者注册的原种。

② 三代系谱记录完整的优良种羊个体。

2. 种羊的登记条件

符合品种标准，综合鉴定等级为一级以上的种公羊和二级以上的种母羊。

3. 申请单位的条件

取得种畜禽生产经营许可证的种羊场。

4. 登记内容

（1）基本信息 场（小区、站、公司、养殖户）名、品种、类型、个体编号、出生日期、出生地、综合鉴（评）定等级、登记时间、登记人等。登记表格式按附录 2 中 2.1 执行。

（2）系谱登记 三代系谱完整，并具有父本母本生产性能或遗传评估的完整资料。系谱格式按附录 2 中 2.2 执行。

（3）外貌特征登记 登记表格式按附录 2 中 2.3 执行。外貌评定方法格式按附录 3 执行，种羊头部正面或左（或右）体侧照片各一张。

（4）其他信息登记 登记表格及内容格式按附录 2 中 2.3.2 执行。

5. 注意事项

① 种羊登记和测定等书面资料和电子资料应当保存 15 年。

② 登记的种羊淘汰、死亡者，畜主应当在 30 日内向登记机构报告。

③ 登记的种羊转让、出售者，应当附种羊登记卡等相关资料，并办理变更手续。

第八章
种羊的使用

第一节　羊的选种选配技术

一、选种选配的意义

选种，就是把那些符合人们期望要求的个体，按不同的标准从现有羊群中选出来，让它们组成新的繁殖群再繁殖下一代，或者从别的羊群中选择那些符合要求的个体加入现有的繁殖群中来。经过这种反复的多个世代的选择工作，不断地存优去劣，最终的目标有两个：一是使羊群的整体生产水平好上加好，二是把羊群变成一个全新的群体或品种。所以，选种是一项具有创造性的工作，是绵、山羊业中最基本的改良育种技术。选配，就是在选种的基础上，根据母羊的特性，为其选择恰当的公羊与之配种，以期获得理想的后代。因此，选配是选种工作的继续，它同选种结合而构成在规模化的绵、山羊改良育种工作中两个相互联系、不可分割的重要环节，是改良和提高羊群品质最基础的方法。

二、选种选配的方法

1.选种的方法

选种主要对象是种公羊。农谚说，"公羊好好一坡，母羊好好一窝"，正是这个道理。选择的主要性状多为有重要经济价值的数量性状和质量性状。例如细毛羊和半细毛羊的体重、剪毛量、毛品质、毛长度、细度；绒山羊的产绒量、绒纤维长度、细度及绒颜色等；肉用羊的体重、产肉量、屠宰率、胴体重、生长速度和繁殖力等。羊的选择，一般从以下四个方面着手进行：①根据个体本身的表型表现（个体表型选择）；②根据个体祖先的成绩（系谱选择）；③根据旁系成绩（半同胞测验成绩选择）；④根据后代品质（后裔测验成绩选择）。另外，随着生物技术的发展，分子标记辅助选择也逐步提上日程。上述几种选择方法并不是对立的，而是相辅相成，互有联系的，应根据不同时期所掌握的资料合理利用，以提高选择的准确性。

2. 选配的类型

选配可分为表型选配和亲缘选配两种类型。表型选配是以与配公、母羊个体本身的表型特征作为选配的依据，亲缘选配则是根据双方的血缘关系进行选配。这两类选配都可以分为同质选配和异质选配，其中亲缘选配的同质选配和异质选配即指近交和远交。

（1）表型选配

表型选配即品质选配，它可分为同质选配和异质选配。

① 同质选配是指具有同样优良性状和特点的公、母羊之间的交配，以便使相同特点能够在后代身上得以巩固和继续提高。通常特级羊和一级羊属于品种理想型羊只，它们之间的交配即具有同质选配的性质；或者当羊群中出现优秀公羊时，为使其优良品质和突出特点能够在后代中得以保存和发展，则可选用同羊群中具有同样品质和优点的母羊与之交配，这也属于同质选配。

② 异质选配是指选择在主要性状上不同的公、母羊进行交配，目的在于使公、母羊所具备的不同的优良性状在后代身上得以结合，创造一个新的类型；或者是用公羊的优点纠正或克服母羊的缺点或不足。用特级公羊、一级公羊配二级以下母羊即具有异质选配的性质。例如，选择体大、毛长、毛密的特级公羊、一级公羊与体小、毛短、毛密的二级母羊相配，可使其后代体格增大，毛长增加，同时羊毛密度得以继续巩固提高。在异质选配

中，必须使母羊最重要的有益品质借助于公羊的优势得以补充和强化，使其缺陷和不足得以纠正和克服。这也就是"公优于母"的选配原则。

（2）亲缘选配

亲缘选配是指具有一定血缘关系的公、母羊之间的交配。按交配双方血缘关系的远近可分近交和远交两种。

近交是指亲缘关系近的个体间的交配。凡所生子代的近交系数大于 0.78% 者，或交配双方到其共同祖先的代数的总和不超过6代者，为近交，反之则为远交。在养羊业生产中，在采用亲缘选配方法时，主要是要科学地、正确地掌握和应用近交的问题。近交系数是代表与配公、母羊间存在的亲缘关系在其子代中造成相同等位基因的机会，是表示纯合基因来自共同祖先的一个大致百分数。计算近交系数的公式如下：

$$F_x = \sum \left[\left(\frac{1}{2} \right)^{n_1 + n_2 + 1} \cdot (1 + F_n) \right] \text{或}$$

$$F_x = \sum \left[\left(\frac{1}{2} \right)^{n} \cdot (1 + F_n) \right]$$

式中：F_x 为个体 x 的近交系数；$\sum$ 表示总和，即把个体到其共同祖先的所有通路（通径链）累加起来；$\frac{1}{2}$ 为常数，表示两世代配子间的通径系数；$n_1 + n_2$ 为通过共同祖先把个体 x 的父亲和母亲连接起来的通径链上所有的个体数；F_n 为共同祖先的近交系数，计算方法与计算 F_x 相同，如果共同祖先不是近交个体，则计算近交系数的公式变为：

$$F_x = \sum \left(\frac{1}{2} \right)^{n} \text{或}$$

$$F_x = \sum \left(\frac{1}{2} \right)^{n_1 + n_2 + 1}$$

在养羊业生产实践中应用亲缘选配时要注意以下几个问题：选配双方要进行严格选择，必须是体质结实，健康状况良好，生产性能高，没有缺陷的公、母羊才能进行亲缘选配。要为选配双方及其后代提供较好的饲养管理条件，即应给予较其他羊群更丰富的营养条件。对所生后代必须进行仔细鉴定，选留那些体质结实、体格健壮、符合育种要求的个体继续作为种用，凡体质纤弱、生活力衰退、繁殖力降低、生产性能下降以及发育不良甚至有缺陷的个体要严格淘汰。

三、选种选配应注意的问题

（一）选种应该注意的问题

1. 体质

体质是指家畜有机体在遗传因素和外界环境条件相互作用下，所形成的内部和外部、部分和整体以及形态和机能在整个生命活动过程中的统称，它体现了有机体在结构上和机能上的协调性、有机体对于生活条件的适应性以及其生产性能等特点。结实的体质是保证羊只健康，充分发挥品种所固有的生产性能和抵抗不良环境条件的基础；片面追求生产性能或某些性状指标而忽视了羊的体质，就有可能导致不良的后果。在绵、山羊杂交育种过程中，随着杂交代数的增加，如果不注意选种选配和相应地改善饲养管理条件，再加上不适当的亲缘繁殖，都有可能造成杂种后代的体质纤弱、生活力下降、生产性能低和适应性差。因此，在选择绵、山羊时应当注意选择体质结实的羊。

2. 性状遗传力的高低

性状遗传力是个相对值，最高为1，最低为0。遗传力接近1，表明该性状的个体间表型值的差别几乎全部是遗传潜力造成的，选择表型优秀的个体，就等于把遗传上优秀的个体找了出来，表型选择就有效。遗传力低的性状，表示该性状的个体间表型值的差异受环境影响大，对这类性状只靠表型值选择无效，应采用家系选择法才能提高。

3. 选择差的大小

选择差是指留种群某一性状的平均表型值与全群同一性状平均

表型值之差。选择差的大小直接影响选择效果。选择差又直接受留种比例和所选性状标准（即羊群该性状的整齐程度）的制约。留种比例越大，选择差也就越小；性状标准差越大，则选择差也随之增大。留种比例也直接关系到选择强度，留种比例越大，选择强度则越小（表 8-1）。

表 8-1　不同留种率的选择差与遗传强度

留种率/%	选择差（S）	选择强度（i）
100	$0.00\delta_p$	0.00
90	$0.195\delta_p$	0.195
80	$0.350\delta_p$	0.350
70	$0.497\delta_p$	0.497
60	$0.644\delta_p$	0.644
50	$0.798\delta_p$	0.798
40	$0.966\delta_p$	0.966
30	$1.158\delta_p$	1.158
20	$1.400\delta_p$	1.400
10	$1.755\delta_p$	1.755
5	$2.063\delta_p$	2.063
4	$2.154\delta_p$	2.154
3	$2.268\delta_p$	2.268
2	$2.421\delta_p$	2.421
1	$2.665\delta_p$	2.665

选择强度就是标准差化的选择差。它们之间的关系如下：

$$R = Sh^2, \quad S = i\delta_p, \quad i = s/\delta_p, \quad R = i\delta_p h$$

式中：R 为选择效应；S 为选择差；i 为选择强度；δ_p 为性状标准差。

可见，在性状遗传力水平相同的情况下，选择差越大，后代提高的幅度就越大。所以在养羊业实践中，为了加快选择的遗传进展，应尽可能增加淘汰数量，降低留种比例，以加大选择差。

4.世代间隔的长短

世代间隔是指羔羊出生时双亲的平均年龄，或者说是从上代到下代所经历的时间。绵、山羊的世代间隔为 4 年左右。计算公式为：

$$L_0 = P + \frac{(T-1)}{2}C$$

式中：L_0 为世代间隔；P 为初产年龄；T 为产羔次数；C 为产羔间隔。

世代间隔长短是影响选择性状遗传进展的因素之一。在一个世代里，每年的遗传进展量取决于性状选择差、性状遗传力以及世代间隔的长短，如下公式所示：

$$\Delta G = sh^2/L_0$$

式中：ΔG 为每年遗传进展量；L_0 为世代间隔。

可见，世代间隔越长，遗传进展就越慢。因此，在绵、山羊改良和育种工作中，应当尽可能地缩短世代间隔，其主要的办法有以下几种。

① 公、母羊应尽可能早地用于繁殖，一般不推迟初配年龄。绵羊通常以 1～1.5 岁左右为宜，山羊的初配年龄通常为 8～10 月龄，饲养在生态经济条件较好的品种还可适当提早。

② 缩短利用年限，淘汰老龄羊。公、母羊利用年限越长，到下一代出生时双亲的平均年龄就越大，世代间隔就越长。

③ 缩短产羔间隔。对全年发情的品种，在有条件的地区可实行两年产三胎或三年产五胎的办法，以缩短绵、山羊产羔间隔。

（二）选配应遵循的原则

① 为母羊选配的公羊，在综合品质和等级方面必须优于母羊。

② 为具有某些方面缺点和不足的母羊选配公羊时，必须选择在这方面有突出优点的公羊与之配种，决不可用具有相反缺点的公羊与之配种。

③ 采用亲缘选配时应当特别谨慎，切忌滥用。

④ 及时总结选配效果，如果效果良好，可按原方案再次进行选配；否则，应修正原选配方案，另换公羊进行选配。

第二节　羊的纯种繁育

纯种繁育是指同一品种内公、母羊之间的繁殖和选育过程。当品种经长期选育，已具有优良特性，符合育种目标需要时，即应采用纯种繁育的方法。目的是增加品种内羊只数量，继续提高品种质量。因此，不能把纯种繁育看成是简单的复制过程，它仍然有不断选育提高的任务。

实施纯种繁育的过程中，为了进一步提高品种质量，在保持品种固有特性、不改变品种生产方向的前提下，可根据需要和可能分别采用下列方法。

一、品系繁育法

品系是品种内具有共同特点，由彼此有亲缘关系的个体组成的遗传性稳定的群体。品系繁育就是根据一定的育种制度，充分利用优良种公羊及其后代，建立优质高产和遗传性稳定的畜群的一种方法。品系是品种内部的结构单位，通常 1 个品种应当有 4 个以上的品系，才能保证品种整体质量的不断提高。例如，一个肉用山羊品种，有许多重要经济性状需要不断提高，如生长发育、早熟性、多羔性、肉用性能等。在品种的繁育过程中同时考虑的性状越多，各性状的遗传进展就越慢，但若分别建立几个不同性状的品系，然后通过品系间杂交，把这几个性状结合起来，这对提高品种质量的效果就会好得多。因此，在现代绵、山羊育种中常常都采用品系繁育这一育种技术手段。

品系繁育的过程，基本上包括 4 个阶段，即选择优秀公羊作系祖、建立品系基础群阶段、闭锁繁育品系形成阶段和品系间杂交阶段。

1. 选择优秀的种公羊作为系祖

系祖的选择与创造，是建立品系最重要的第一步。系祖应是畜群中最优秀的个体，不但一般生产性能要达到品种的一定水平，而且必须具有独特的优点。理想型系祖的产生最主要是通过有计划、有意识的选种选配，加强定向培育等产生。凡准备选作系祖的公羊，都必须通过综合评定，即本身性能、系谱审查和后裔测验，证明能将本身优良特性遗传给后代的种公羊，才能作为系祖使用。

2. 品系基础群的组建

这是进行品系繁育的第二步。根据羊群的现状特点和育种工作的需要，确定要建立哪些品系，如在肉用羊的育种中可考虑建立早熟体大系、肉质特优系、肉毛高产系、高繁殖力系等。然后根据要组建的品系来组建基础群。通常采用以下两种方式组建品系基础群。

（1）按血缘关系组群　其做法是首先分析羊群的系谱资料，查明各配种公羊及其后代的主要特点，将具有拟建品系突出特点的公羊及其后代挑选出来，组成基础群。这里要注意，虽有血缘关系，但不具备所建品系特点的个体不能选入基础群。遗传力低的性状，如产羔数、体况评分、肉品质等，按血缘关系组群效果较好。当公羊配种数量大，其亲缘后代数量多时采用此法为好。

（2）按表型特征组群　这种方法比较简单易行，其做法是不考虑血缘关系，而是将具有拟建品系所要求的相同表型特征的羊只挑选出来组建为基础群。对绵羊来讲，由于其经济性状的遗传力大多较高，加之按血缘关系组群往往受到后代数量的限制，故在绵羊育种和生产实践中，在进行品系繁育时，常常是根据表型特征组建基础群。

3. 闭锁繁育阶段

品系基础群组建起来以后，不能再从群外引入公羊，而只能进行群内公、母羊的"自群繁育"，即将基础群"封闭"起来进行繁育。目的是通过这一阶段的繁育，使品系基础群所具备的品系特点得到进一步的巩固和发展，从而达到品系的逐步完善和成熟。在具体实施这一阶段的繁育工作时，要坚持以下原则。

① 按血缘关系组建的品系基础群，要尽量扩大群内品系性状特点，突出并证明其遗传性稳定的优秀公羊——系祖的利用率，并从该公羊的后代中注意选择和培育系祖的继承者。按表型特征组建的品系基础群，从一开始就要通过后裔测验的办法，注意发现和培养系祖。系祖一旦认定，就要尽早扩大其利用率。应当肯定优秀的系祖在品系繁育中的重要性，但这并不意味着品系就是系祖的简单的复制品。

② 要坚持不断地进行选择和淘汰，特别是要将不符合品系要求的个体坚决地从品系群中淘汰出去。

③ 为了巩固品系优良特性，使基因纯合，为选择和淘汰提供机会，近亲繁殖在此阶段不可缺少，但要有目的、有计划地控制近亲繁殖。开始时可采用嫡亲交配，以后逐代疏远；或者连续采用三、四代近亲或中亲交配，最后控制近交系数不超过 20% 为宜。

④ 由于品系基础群内的个体基本上是同质的，因此可采用群体选配办法，不必用个体选配，但最优秀的公羊应该多配一些母羊。

⑤ 如果限于人力和条件，闭锁繁育阶段采用随机交配的办法，则应利用控制公羊数量来掌握近交程度。其计算公式为：

$$\Delta F = \frac{1}{8N}$$

式中：ΔF 为每代近交系数的增量；N 为群内配种公羊数。

上式得出的是每代近交系数的增量，再乘以繁殖世代数就可以获得该群羊的近交系数。

例如，一个封闭的羊群连续 5 代没有从外面引入公羊，并始终保持 4 头配种公羊，假设该羊群开始时近交系数为 0，那么该群羊现在的近交系数是：

$$F = 5 \times \Delta F = 5 \times \frac{1}{8 \times 4} = 15.625\%$$

4. 品系间杂交阶段

当品系完善成熟以后，可按育种需要组织品系间的杂交，目的在于结合不同品系的优点，使品种整体质量得以提高。由于这时的品系都已经过较长期的同质选配或近交，遗传性比较稳定，所以品系间杂交的目的一般容易达到。例如，甲品系早熟体大，乙品系繁殖力高，二者杂交其后代就会结合它们的优点于一身。在进行品系间杂交后，应根据杂交后羊群的新特点和育种工作的需要再着手创建新的品系。周而复始，以期不断提高品种水平。

5. 确保良好的饲养管理条件

系祖的遗传性仅仅是一种可能性，这种可能性能否实现，还要看是否具备使这种可能性实现的外界环境条件。因此，努力创造适宜于该品系所具有的优异性状充分发挥的饲养管理条件，是品系繁育能否顺利进行的重要因素。

二、血液更新法

血液更新是指从外地引入同品种的优质公羊来更新原羊群中所使用的公羊。当出现下列情况时，可采用此法。

① 羊群小，长期封闭繁殖，已出现由于亲缘繁殖而产生近交危害。

② 羊群的整体生产性能达到一定水平，性状选择差变小，靠本群的公羊难以再提高。

③ 羊群在生产性能或体质外形等方面出现某些退化。

三、本品种选育法

本品种选育是地方优良品种的一种繁育方式，它是通过品种内的选择、淘汰，加之合理的选配和科学的饲养培育等手段，达到提高品种整体质量的目的。

凡属地方优良品种都具有某一特殊的突出的优良生产性能，并且往往没有合适的品种与之杂交改良，如滩羊、湖羊、中卫山羊、辽宁绒山羊、济宁青山羊等，这些品种不能期望通过杂交方式来提高其产品质量；与此同时，地方良种的另一特点是，品种内个体间、地区间的性状表型差异较大，品种类型也往往不如培育品种那样整齐一致，因此选择提高的潜力较大，只要不间断地进行本品种选育，品种质量就会得到提高和完善。

本品种选育的基本做法，可从以下方面考虑。

① 首先要全面地调查研究品种分布的区域及自然生态条件、品种内羊只数量及质量的区域分布特点、羊群饲养管理和生产经营特点以及存在的主要问题等，即首先摸清品种现状，制定品种标准。

② 选育工作应以品种的中心产区为基地，以被选品种的代表性产品为基础，根据品种的代表性产品应具备特殊的经济性状和品种标准，制定科学的鉴定方法和鉴定分级标准。

③ 严格按品种标准，分阶段地制定科学合理的选育目标和任务。然后，根据不同阶段的选育目标和任务拟订切实可行的选育方案。选育方案是指导选育工作实施的依据，其基本内容包括种羊选择标准和选留方法、羔羊培育方法、羊群饲养管理制度、生产经营制度以及选育区内地区间的协作办法、种羊调剂办法等。

④ 为了加速选育进展和提高选育效果，凡进行本品种选育的地方良种，都应组建选育核心群或核心场。组建核心群（场）的数量和规模，要根据品种现状和选育工作需要来定。选入核心群（场）的羊只必须是该品种中最优秀的个体。核心群（场）的基本任务是为本品种选育工作培育和提供优质种羊，主要是种公羊。与此同时，在选育区内要严格淘汰劣质个体，杜绝不合格的公羊继续作种用；一旦发现特别优秀并证明遗传性稳定的种公羊，应采用人工授精等繁殖技术，尽可能地扩大其利用率。

⑤ 为了充分调动品种产区群众积极参与选育工作，可以考虑成立品种协会或品种选育工作辅导站，其任务是组织和辅导选育工作，负责品种良种登记，并通过组织赛羊会、产品展销会、交易会等形式，引入市场竞争机制，搞活良种羊产品流通，这对推动品种选育工作具有极为重要的实际意义。

第三节 羊的杂交改良

杂交就是两个或者两个以上不同品种或品系间公、母羊的交配。利用杂交可改良生产性能低的品种，创建新品种。杂交是引进外来优良遗传基因的唯一方法，是克服近交衰退的主要技术手段，杂交产生的杂种优势是生产更多更好羊产品的重要途径。杂交还能将多品种的优良特性结合在一起，创造出原来亲本所不具备的新特性，增强后代的生活力。我国大多数绵羊、山羊培育品种，在培育过程中都曾广泛使用了杂交方法。常用的杂交方法有以下几种。

一、级进杂交及其应用

当一个品种生产性能很低，又无特殊经济价值，需要从根本上改造时，可引用另一优良品种与其进行级进杂交。例如将粗毛羊改变为专门化肉用羊，应用级进杂交是比较有效的方法。

级进杂交是以某一优良品种公羊连续同被改良品种母羊及其各代杂种母羊交配（图8-1）。一般来说，杂交进行到第4～5代时，杂种羊才接近或达到改良品种的特性及其生产性能指标，但这并不意味着级进杂交就是将被改良品种完全变成改良品种的复制品。在进行级进杂交时，仍需要创造性地应用，被改良品种的部分特性应当在杂种后代中得以保留，例如对当地生态环境的适应能力、某些品种繁殖力强的特点等。因此，级进杂交并不是级进代数越高越好。实际应用中要根据杂交后代的具体表现和杂交效果，并考虑到当地生态环境和生产技术条件。当基本上达到预期目的时，这种杂交就应停止，进一步提高生产性能的工作则应通过其他育种手段去解决。

在组织级进杂交时，要特别注意选择改良品种。当引入的改良品种对当地生态条件能很好适应，并且对饲养管理条件的要求不高，或者是经过努力，能够基本满足改良品种的要求时，则往往容

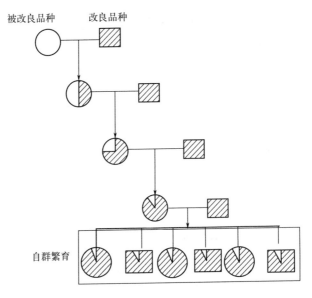

图 8-1　级进杂交

易达到级进杂交的预期目的。否则，应考虑更换改良品种。其次，在级进杂交过程中，当级进到第 3~4 代以后，同代杂种羊的各种性能并不完全一致，因此，对于不同的杂种个体，所需的杂交代数也就不同，应视其具体表现而定。

二、育成杂交及其应用

当原有品种不能满足市场经济发展需要时，则利用两个或两个以上品种进行杂交，最终育成一个新品种。用两个品种杂交育成新品种，称为简单育成杂交；用三个或三个以上品种杂交育成新品种，称为复杂育成杂交（图 8-2）。在复杂育成杂交中，各品种在育成新品种时的作用并非相等，其所占比重和作用必然有主次之分，这要根据育种目标和在杂交过程中杂种后代的具体表现而定。育成杂交的基本出发点，就是要把参与杂交品种的优良特性集中在杂种后代身上，从而创造出新品种。

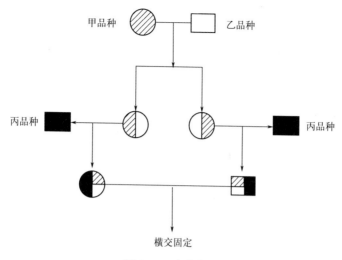

甲品种　　　　乙品种

丙品种　　　　　　　　丙品种

横交固定

图 8-2　育成杂交

应用育成杂交创造新品种时一般要经历三个阶段，即杂交改良阶段、横交固定阶段和发展提高阶段。当然这三个阶段有时是交错进行的，很难分开。当杂交改良进行到一定阶段时，可能出现符合育种目标的理想型杂种个体，这样就有可能开始进入第二阶段，即横交固定阶段，但第一阶段的杂交改良仍在继续。应当做到杂种理想型个体出现一批，横交固定一批。所以，在实施育成杂交过程中，当进行前一阶段的工作时，就要为下一阶段工作准备条件。这样可以加快育种进程，提高育种工作效率。

1. 杂交改良阶段

这一阶段的主要任务是以培育新品种为目标，选择参与育种的品种和个体，大规模地开展杂交工作，以便获得大量的杂种个体。在杂交起始阶段，选择较好的基础母羊，可以缩短杂交过程。

2. 横交固定阶段（自群繁育阶段）

这一阶段的主要任务是选择理想型杂种公、母羊相互交配，即通过杂种羊自群繁育，固定理想特性。此阶段的关键在于发现和培育优秀的理想型杂种公羊，往往个别优秀的公羊在品种的形成过程中起着十分重要的作用，这在国内外绵、山羊育种史上已不乏先例。

横交初期，后代性状分离比较大，需严格选择。凡不符合育种要求的个体，则应归到杂交改良群里继续用纯种公羊或理想型杂种公羊配种。有严重缺陷的个体，则应淘汰出育种群。在横交固定阶段，为了尽快固定杂种优良特性，可以采用同质交配或一定程度的亲缘交配。横交固定时间的长短，应根据育种方向、横交后代的效果而定。

3. 发展提高阶段

这一阶段是品种形成和继续提高阶段。这一阶段的主要任务是建立品种内结构、增加新品种羊数量、提高新品种羊品质和扩大新品种分布区。杂种羊经横交固定阶段后，遗传性已较稳定，并已形成独特的品种类型，只是在数量、产品品质和品种结构上还不完全符合品种标准，此阶段可根据具体情况组织品系繁育，以丰富品种结构，并通过品系间杂交和不断组建新品系来提高品种的整体水平。

三、导入杂交及其应用

当一个品种基本上符合市场经济发展的需要，但还存在某些个别缺点，用纯种繁育又不易克服时；或者是用纯种繁育难以提高品种质量时，可采用导入杂交的方法。

导入杂交的模式是，用所选择的导入品种公羊配原品种母羊，所产杂种一代母羊与原品种公羊交配，一代公羊中的优秀者也可配原品种母羊，所得含有 1/4 导入品种血统的第二代，就可进行横交固定（图 8-3）或者用第二代的公、母羊与原品种继续交配，获得含导入品种公羊 1/8 血的杂种个体，再进行横交固定。因此，导入杂交的结果在原品种中外血含量一般为 1/8～1/4。

导入杂交时，要求所用导入品种必须与被导品种是同一生产方向。导入杂交的效果在很大程度上取决于导入品种及个体的选择、

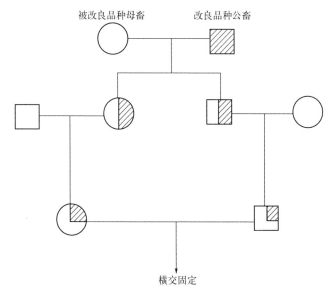

图 8-3 导入杂交

杂交中的选配及幼畜培育条件等因素。

四、经济杂交及其应用

在绵、山羊生产中广泛应用经济杂交这一繁育手段,目的在于生产更多更好的肉、毛、奶等养羊业产品,而不是为了生产种羊。它是利用不同品种杂交,以获得第一代杂种为目的。即利用第一代杂种所具有的生活力强、生长发育快、饲料报酬高、产品率高等优势,而在商品养羊业中被普遍采用,尤其是在羊肉生产方面,一般分为简单经济杂交(图 8-4)和三元杂交(图 8-5)。

五、轮回杂交及其应用

轮回杂交是指轮回使用几个种群的公羊和它们杂交产生的各代母羊相杂交,以便充分利用在每代杂种后代中继续保持的杂种优势(图 8-6)。

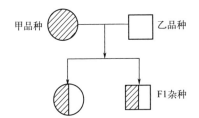

图 8-4　简单经济杂交

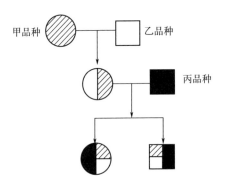

图 8-5　三元杂交

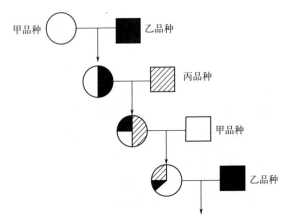

图 8-6　轮回杂交

六、生产性双杂交及其应用

四个种群（品种或品系）分为两组，先各自杂交，在产生杂种后杂种间再进行第二次杂交，现代育种常用近交系、专门化品系或合成系相互杂交。生产性双杂交（图 8-7）的特点：因遗传基础广泛，优良基因互作的概率提高，产生显著的杂种优势；整个繁育体系中纯种少、杂种多；培育曾祖代和祖代成本高、风险大；配合力测定复杂。

$$♂A×B♀ \quad ♂C×D♀$$
$$♂AB \quad × \quad CD♀$$
$$(A_{(1/4)}B_{(1/4)}C_{(1/4)}D_{(1/4)})$$

图 8-7　生产性双杂交

第九章
种羊的饲养管理

第一节　种公羊的饲养管理

一、种公羊的饲养管理原则

种公羊的饲养应使其常年保持结实健壮的体质，达到中等以上种用体况，并具有旺盛的性欲，以及具有良好的配种能力和能够产生用于输精的精液。要达到这个目的，需做到以下工作：

① 合理搭配饲料，保证饲料的多样性，尽可能全年均衡地供给青绿多汁饲料。

② 注意补充矿物质和维生素。

③ 日粮要保持较高的能量和蛋白水平，即使在非配种期，也不能单一饲喂粗饲料，必须补饲一定的混合精料。

④ 公羊必须保证适度放牧和充足的运动时间，防止过肥，影响配种。

二、种公羊的饲养管理要点

在实际羊生产中，一般把种公羊分为非配种期和配种期进行饲养管理。

（一）非配种期的饲养管理要点

种公羊在非配种期的饲养以恢复和保持良好的种用体况为目的。配种结束后，由于公羊的体况有不同程度的下降，为了使体况快速恢复，在配种刚结束的1～2个月内，种公羊的日粮应与配种

期的完全一致，但对日粮的组成可做适当的调整，增加优质青干草
或青绿多汁饲料的比例，逐渐转为饲喂非配种期的日粮。每天应补
饲 0.5～1kg 混合精料和一定的优质青干草，并保证每天进行 1～
2h 驱赶运动，为配种期奠定基础。

（二）配种期的饲养管理要点

种公羊在配种期消耗营养和体力最大，日粮要求营养全面、容
积小且多样化、易消化、适口性好，特别要求蛋白质、维生素和矿
物质充足。种公羊配种期的饲养分为配种预备期和配种期两个阶段。

1. 配种预备期

配种预备期是指配种前 1～1.5 个月，在此时期要着重加强公
羊的补饲和运动，同时开始饲喂配种期的标准日粮。

（1）饲养管理　开始按标准饲喂量的 60％～70％逐渐增加，
直至全部转为配种期日粮。饲喂量为：混合精料 1.0～1.5kg，青
贮料或其他青绿多汁饲料 1.0～1.5kg，青干草足量。精料每天分
2 次饲喂，补饲青干草用草架或饲槽饲喂。混合精料组成：谷物饲
料占 60％，以玉米为主，豆类和豆粕占 20％以上，麸皮 10％以
上，并添加一定比例的预混料。

（2）采精训练与精液检测　配种预备期内要进行公羊的采精训
练和精液品质检查。

① 采精训练。采精前增强公羊运动，以适应配种期高强度采
精、配种工作。对于胆小的种公羊，用发情母羊引诱人工采精。排
放公羊存留的死精，促进精子不断更新，以提高精子活力。

②精液检测。精液检查的项目包括密度、活力、射精量、颜色
和气味等。正常精液颜色为乳白色。正常精液气味为无特殊气味。
正常精液外观为肉眼可见云雾状翻滚。射精量为 0.5～1.5mL，平
均为 0.8mL，每 mL 含有精子 10 亿～40 亿个，平均 30 亿个。当
精子活力差时，应加强种公羊的运动，种公羊每天的运动时间要增
加到 4h 以上。

（3）配种计划　在配种预备期内，要安排好配种计划，羊群的

配种期不宜拖得过长，争取在 1.5 个月左右结束配种，配种期越短，产羔期越集中，羔羊的年龄差别不大，这样便于管理。

2. 配种期

配种是公羊的主要任务。种公羊在配种期内要消耗大量的养分和体力，因此在此阶段饲养管理不到位，就不能很好地完成配种任务。

（1）种公羊管理

配种期种公羊的管理要做到认真、细致。要经常观察种公羊的采食、饮水、运动及粪便情况，并保持饮水、饲料的清洁卫生，要经常观察公羊的食欲好坏，以便及时调整饲料。

种公羊必须单独组群饲养，除配种外，尽量远离母羊，更不能公、母混养，以防乱配。种公羊舍应通风、向阳、干燥。高温、高湿都会对精液的品质产生不良影响。

配种期内要对公羊加强运动，通过运动增强种公羊的体质，并防止肢蹄变形，还能保证种公羊性欲旺盛、精液品质良好，减少疾病的发生。在配种期，种公羊的运动要增加到 4～6h。

种公羊配种采精要适度。一般 1 只公羊自由交配可承担 25 只母羊的交配任务，人工授精能承担 300～500 只母羊的配种任务。公羊在采精前不宜吃得过饱，过饱会造成公羊爬跨困难，影响采精效果。

（2）种公羊饲养

配种期最重要的任务是进行合理的补饲。日粮要求营养丰富全面，容积小且多样化，易消化、适口性好，特别要求蛋白质、维生素和矿物质需求要充分满足。种公羊个体间对营养的需要量相差很大，补饲量可根据公羊的体重大小、膘情和配种任务而定。

在配种期，体重 80～90kg 的种公羊每天需饲喂混合精料 1.2～1.4kg，苜蓿干草或其他优质干草 2kg，胡萝卜 0.5～1.5kg，食盐 15～20g。在配种任务较大时，为了提高种公羊的精液品质，可在饲料中加生鸡蛋 1～2 个，捣碎拌入料中饲喂。

三、种公羊的初配年龄和利用年限

公羊性成熟为 6～10 月龄，初配年龄为 12～15 月龄，不同品种间会有所差别。公羊利用过早会影响自身发育，利用过晚又会增加饲养成本，最好在性成熟和体成熟之间的阶段开始配种。

种公羊的利用年限一般为 6～8 年，但最佳利用年限为 4～5 年。种公羊的利用年限也与公羊配种次数有关。公羊交配次数过多，可严重影响利用年限和精液品质。因此，必须严格控制公羊的交配次数。

第二节　育成种羊的饲养管理

一、断奶期

羔羊断奶前后，由以母乳为营养来源，逐渐过渡到食用饲料，此阶段的羔羊瘤胃发育极为迅速，但是尚未发育完善，对饲料的消化吸收能力还不强，这一时期的羔羊最容易发生消化不良、腹泻等疾病，若管理不当，会导致羔羊死亡。

另外，此时期羔羊的骨骼肌肉生长特别快，应提供优质的日粮。此时期育成羊的日粮应以混合精料为主，并要补给优质干草和适量的青饲料，日粮的粗纤维含量一般 15%～20% 为宜，此阶段饲养的好坏，是影响育成羊的体格大小、体型和成年后生产性能的重要因素。

许多早熟的肉羊品种，其羔羊在断奶前后生长发育特别快，在较好的饲养条件下，日增重可达到 250g 以上。

二、性成熟期

羊的性成熟期受遗传因素影响很大，早熟品种的肉羊 4～6 月龄就达到了性成熟。这一阶段的育成羊要按性别单独组群饲养，以防发生早配现象。性成熟期的羔羊，生长速度最快，日增重可达 300g 左右。

育成羊的饲养方法不同于肥羔，更重视骨骼和内脏器官的发育。因此，育成羊的日粮应以优质干草为主，不能过于强调日增重，特别是育成母羊，如果过于肥胖，日后的产羔和哺乳性能都比较差。

从性成熟到初配的育成羊是形成种羊体型结构的关键时期，以大量的优质青干草为主，加上少量的精饲料，所组成的日粮，有利于形成结实、干燥、四肢健壮的种用体型。精料型日粮（精料比例大于 50%）不适于育成羊的饲养，日粮精饲料以 0.2～0.3kg 为宜。

三、配种期

确定恰当的初配年龄，是种羊合理使用的第一个关键环节。过早配种，影响育成羊的生长发育，使种羊的体型小、使用年限缩短；晚配种使育成期拉长，既影响种羊场的经济效益，又延长了世代间隔，不利于羊群改良。一般认为，母羊育成羊期体重达到成年体重的 70%～75% 时，可以开始配种。公羊最好在一岁半以后开始使用，早熟品种公羊，可以在 1 岁左右初配，但应限制使用。

为了检查育成羊的发育情况，在一岁半以下的羊群中，抽取 10%～15% 的羊，固定下来，每月称重，与该品种羊的正常生长速度进行比较。

第三节　繁殖母羊的饲养管理

母羊达到配种年龄后，便进入配种—妊娠—分娩—哺乳—断奶—再次配种的周期性生产循环中。母羊的使用年限则视饲养管理条件而定，在正常条件下，母羊前 8 胎的繁殖能力较好，以 2～6 胎母羊的产羔率、泌乳力为最佳，母羊 8 胎后泌乳力明显下降，带羔能力和产羔后的恢复能力都较差。

为了充分发挥母羊的生产潜力，繁殖母羊场应强调母羊的阶段分群饲养技术。母羊生产周期可分为空怀期、妊娠前期、妊娠后期、哺乳期 4 个阶段。

一、空怀期饲养管理

空怀期是指母羊在羔羊断奶后，尚未配种前的恢复时期。母羊恢复期的长短视羊场产羔周期的长短、母羊生理恢复情况而定。母羊空怀期的营养水平视母羊体况而定。母羊体况可分为良好、中等、较差和极差 4 个等级。

体况良好的母羊可按照同等体重的母羊的维持需要量饲喂，发情即可配种。体况中等的母羊，可在维持需要的基础上适量增加精饲料，发情即可配种。体况较差或极差的母羊，在分析具体情况后，排除疾病，逐渐增加精饲料喂量，待母羊体况恢复到中等以上后，再发情配种。

二、妊娠前期饲养管理

妊娠前期是指妊娠的前 3 个月。妊娠前期胎儿生长发育较为缓慢，只有其出生重的 10%～20%，所需要的营养水平满足营养需要即可。过高的营养水平会影响胚胎发育，致使胚胎早期死亡。降低饲养密度，防止采食时拥挤，造成流产。

三、妊娠后期饲养管理

妊娠后期是指妊娠的后 2 个月。在妊娠后期胎儿生长发育很快，母羊的营养必须跟上。母羊在妊娠期营养不足，可造成流产或胎儿被吸收。妊娠后期的母羊营养，一方面是供给胎儿的生长发育；另一方面是母羊为哺乳时期储备营养。这一阶段营养不足，羔羊出生重小、成活率低。

妊娠期由于胚胎的发育和母体内营养物的储备，母羊和胎儿共增重可达 7～8kg，双羔的可增重 15～20kg。胎儿的发育需要的蛋白质也不少，妊娠期间纯蛋白质总储蓄量可达 1.8～2.4kg，其中 80% 是在妊娠后期积蓄的。妊娠后期热能代谢比空怀母羊高出

15％～20％，妊娠期钙、磷需要都增加，每 50 千克体重的母羊，钙每天增加到 8.8g，磷 4g。维生素 A、维生素 D 也不能缺乏，与钙磷配合起作用。否则，羔羊出生后软弱，抵抗力差；母羊瘦弱，泌乳不足。

四、哺乳期饲养管理

哺乳期是指羔羊出生到断奶这一时期，哺乳期为 2～3 个月。

1. 母羊的泌乳力直接影响羔羊的增重和疾病抵抗力

哺乳期的羔羊每增重 100g，就需母羊乳 500g，而母羊生产 500 克的羊乳，就需要 0.3kg 的饲料、33g 的可消化蛋白质、1.2g 的磷、1.8g 的钙。吃奶多的羔羊，对疾病的抵抗能力强。

2. 母羊的营养水平是影响羊奶产量和质量的主要因素

补喂精料的母羊比不补喂精料的母羊产奶量明显提高，羊乳中含非脂肪固形物、蛋白质和钙、磷都高。母羊产乳量在最初的 2～3 周就达到高峰，随后逐渐下降。但在产羔后的 10～12 周产奶量还能达到高峰时的 50％～60％。乳成分也因泌乳阶段的不同而异，脂肪、蛋白质的含量有随着泌乳期的进展而增加。

3. 母羊的年龄影响产乳能力

1～2 岁的母羊产乳量低，之后随年龄增长增加，6 岁以后则下降。脂肪、蛋白质的含量第二个泌乳期要比第三个高。产双羔的母羊比产单羔的母羊多产奶 40％，但是再增加哺羔数泌乳量增加很小。在同一品种内，体格大的母羊，泌乳量要高些。

到了哺乳后期，母羊泌乳能力下降，羔羊采食饲草饲料的能力日益增加，羔羊营养物质的主要来源已经不是母乳了，这一时期，母羊的生理负担在逐渐减轻。对哺乳后期的母羊饲养管理的重点应该放在体质恢复和体况调整方面，要逐个评定母羊的体况，根据评定结果，制定饲养方案，为下一个产羔周期做好准备。

种羊不同性别、不同发育阶段和不同生理阶段营养需要差异很大，因此要根据种用公羊和母羊，哺乳期、育成期与成年期，种公羊的配种期与非配种期，种母羊的空怀期与妊娠期、哺乳期，不同阶段、时期的营养需要不同，配制不同营养的饲料。具体营养标准见表9-1、表9-2、表9-3、表9-4、表9-5、表9-6。

表9-1　种公羊的饲养标准

生长阶段	体重/kg	风干饲料/kg	消化能/MJ	可消化粗蛋白/g	钙/g	磷/g	食盐/g	胡萝卜素/mg
非配种期	70	1.8～2.1	16.7～20.5	110～140	5.0～6.0	2.5～3.0	10～15	15～20
	80	1.9～2.2	18.0～21.8	120～150	6.0～7.0	3.0～4.0	10～15	15～20
	90	2.0～2.4	19.2～23.0	130～160	7.0～8.0	4.0～5.0	10～15	15～20
	100	2.1～2.5	20.5～25.1	140～170	8.0～9.0	5.0～6.0	10～15	15～20
配种期	70	2.4～2.8	25.9～31.0	260～370	13～14	9～10	15～20	30～40
	80	2.6～3.0	28.5～33.5	280～380	14～15	10～11	15～20	30～40
	90	2.7～3.1	29.7～34.7	290～390	15～16	11～12	15～20	30～40
	100	2.8～3.2	31.0～36.0	310～400	16～17	12～13	15～20	30～40

表9-2　空怀种用母羊的饲养标准

月龄	体重/kg	风干饲料/kg	消化能/MJ	可消化粗蛋白/g	钙/g	磷/g	食盐/g	胡萝卜素/mg
4～6	25～30	1.2	10.9～13.4	70～90	3.4～4.0	2.0～3.0	5～8	5～8
6～8	30～36	1.3	12.6～14.6	72～95	4.0～5.2	2.8～3.2	6～9	6～8
8～10	36～42	1.4	14.6～16.7	73～95	4.5～5.5	3.0～3.5	7～10	6～8
10～12	37～45	1.5	14.6～17.2	75～100	5.2～6.0	3.2～3.6	8～11	7～9
12～18	42～50	1.6	14.6～17.2	75～95	5.5～6.5	3.2～3.6	8～11	7～9

表9-3　怀孕母羊的饲养标准

生长阶段	体重/kg	风干饲料/kg	消化能/MJ	可消化粗蛋白/g	钙/g	磷/g	食盐/g	胡萝卜素/mg
怀孕前期	40	1.6	12.6～15.9	70～80	3.0～4.0	2.0～2.5	8～10	8～10
	50	1.8	14.2～17.6	75～90	3.2～4.5	2.5～3.2	8～10	8～10
	60	2.0	15.9～18.4	80～95	4.0～5.0	3.0～4.0	8～10	8～10
	70	2.2	16.7～19.2	85～100	4.5～5.5	3.8～4.5	8～10	8～10

生长阶段	体重/kg	风干饲料/kg	消化能/MJ	可消化粗蛋白/g	钙/g	磷/g	食盐/g	胡萝卜素/mg
怀孕后期	40	1.8	15.1～18.8	80～110	6.0～7.0	3.5～4.0	8～10	10～12
	50	2.0	18.4～21.3	90～120	7.0～8.0	4.0～4.5	8～10	10～12
	60	2.2	20.1～21.8	95～130	8.0～9.0	4.0～5.0	9～10	10～12
	70	2.4	21.8～23.4	100～140	8.5～9.5	4.5～5.5	9～10	10～12

表 9-4　泌乳母羊的饲养标准

日增重	体重/kg	风干饲料/kg	消化能/MJ	可消化粗蛋白/g	钙/g	磷/g	食盐/g	胡萝卜素/mg
单羔保证羊日增重200～250g	40	2.0	18.0～23.4	100～150	7.0～8.0	4.0～5.0	10～12	6～8
	50	2.2	19.2～24.7	110～190	7.5～8.5	4.5～5.5	12～14	8～10
	60	2.4	23.4～25.9	120～200	8.0～9.0	4.6～5.6	13～15	8～12
	70	2.6	24.3～27.2	120～200	8.5～9.5	4.8～5.8	13～15	9～15
双羔保证羊日增重300～400g	40	2.8	21.8～28.5	150～200	8.0～10.0	5.5～6.0	13～15	8～10
	50	3.0	23.4～29.7	180～220	9.0～11.0	6.0～6.5	14～16	9～12
	60	3.0	24.7～31.0	190～230	9.5～11.5	6.0～7.0	15～17	10～13
	70	3.2	25.9～33.5	200～240	10.0～12.5	6.2～7.5	15～17	12～15

表 9-5　不同月龄的育成羊每增重 100g 的营养标准

项目	月龄				
	4～6	6～8	8～10	10～12	12～18
消化能/MJ	3.22	3.89	4.27	4.90	5.94
可消化粗蛋白/g	33	36	36	40	46

表 9-6　育成羊的饲养标准

月龄	体重/kg	风干饲料/kg	消化能/MJ	可消化粗蛋白/g	钙/g	磷/g	食盐/g	胡萝卜素/mg
4～6	30～40	1.4	14.6～16.7	90～100	4.0～5.0	2.5～3.8	6～12	5～10

续表

月龄	体重 /kg	风干饲 料/kg	消化能 /MJ	可消化粗 蛋白/g	钙 /g	磷 /g	食盐 /g	胡萝卜素 /mg
6～8	37～42	1.6	16.7～18.8	95～115	5.0～6.3	3.0～4.0	6～12	5～10
8～10	42～48	1.8	16.7～20.9	100～125	5.5～6.5	3.5～4.3	6～12	5～10
10～12	46～53	2.0	20.1～23.0	110～135	6.0～7.0	4.0～4.5	6～12	5～10
12～18	53～70	2.2	20.1～23.4	120～140	6.5～7.2	4.5～5.0	6～12	5～10

第十章
种羊疫病防控

第一节　羊场疾病及生物安全概述

近年来，迫于环境和资源的双重压力，我国羊的饲养由放牧逐渐发展为舍饲、半舍饲、异地育肥等多种饲养模式，形成规模化生产格局，从而确保羊肉供应。随着养殖方式转变，加之羊大规模长途调运和频繁引种，羊病发生的风险将会大增，羊病的危害也越趋严重，并上升为制约规模化饲养进程的关键因素。因此羊病综合防控势在必行。

根据国内有关羊病的资料记载，在羊的 54 种主要疫病中，我国已发现 49 种，其中有 9 种明确属于人畜共患病，对公共卫生安全和养殖人员的身体健康形成严重威胁。羊的疾病较多，有些还是烈性传染病，死亡率高，常给羊场带来巨大损失，因此在种羊场一定要高度重视羊病防控工作，采取综合防控措施，以预防为主，减少各种疾病的发生。

健全的生物安全体系是减轻羊场疫病威胁，减少羊群发病、保证羊群健康的重要性、基础性、系统性的保障体系。基于"外防输入、内防扩散"的原则，在羊场选址、羊舍规划布局、羊场管理制度等软、硬件方面都得有生物安全思维、考虑生物安全因素，体现生物安全措施。

羊场生物安全体系不仅在保证养殖场羊群健康中起着决定性作用，同时也可最大限度地减少羊场对周围环境的不利影响。一般来说，标准的羊场生物安全体系包括隔离、生物安全通道、卫生消毒、人员管理、物流控制、疫苗免疫、疫苗监测、病死羊无害化处理等要素，这是保证养殖场生物安全的关键因素，只有建立完善的生物安全体系，才能保证养殖业的健康发展和环境安全。

第二节　羊场生物安全体系

一、羊场生物安全硬件设施

羊场应选择地势高燥平坦，向阳，冬季背风，通风良好，供电和交通方便，水源充足，排水通畅的地方。并应远离铁路、公路干线，城镇和其他公共设施 1000m 以上，特别应远离屠宰场、肉类加工场、畜禽交易市场和皮毛加工场等疫病可能性多的单位。

场内布局生产区、生活区和管理区应严格隔离开，生产区应建在地势较高的上风口，种羊舍应建在生产区的上风口并与其他羊舍隔开。不同饲养阶段的羊群最好分开饲养。羊场最好采用自来水或自建机井水塔，输水管道直通各栋羊舍，不用羊场外的池塘水、湖泊水和河水，以防水体污染。羊场四周应建有围墙和防疫沟，防止闲杂人员和其他动物进入，粪尿池和发酵池应设在围墙外的下风口。场内道路应分为净道和污道，并尽量不重叠交叉。

羊场应配备专业的兽医技术人员，兽医室内应配置常用的药物和医疗器械，配备冷藏和冷冻冰箱，以方便不同疫苗保存，兽医技术人员要定期注意疫苗和药物的保存时间以及有效期，以免保存不当导致失效和使用过期的疫苗和药物。

羊场的大门应建有消毒池，为搞好羊场防疫，羊场的生产区只能有一个出入口，必须杜绝非生产人员和车辆进入生产区。主场门口设消毒池和更衣室，饲料库和装羊台设在生活管理区紧靠场外道路，卸料和装羊车辆仅在场外停靠，不得进入生产区。羊舍的一切用具不得带出场外，各羊舍的用具不得混合使用，严格控制外来人员进入场内，必须进入场内的人员必须和进入生产区的工作人员同等对待。进入羊场的车辆必须进行消毒，工作人员进入生产区做到手用肥皂洗净后浸于消毒液如洗必泰或新洁尔灭等溶液内 3～5min，清水冲洗后抹干，然后穿上生产区的胶鞋或其他专用鞋，通过脚踏消毒池进入生产区。外来参观人员进入生产区要进行紫外线消毒和消毒药喷雾消毒后通过脚踏消毒池进入生产区。喷雾消毒的药物应对人不具有毒性，且在入口处应设置红外感应装置，只要有人进入就进行强制性消毒。

在羊场的布局上，隔离舍也必不可少，将疑似有传染病的羊及时挑拣出来分离到隔离区进行饲养观察，减少疾病传播的机会。对隔离区要进行定期消毒避免疾病传播。为了更好地进行羊场疫病防控，在羊舍建设上应采取漏缝地板和自动化刮粪机，以便于羊的粪、尿通过漏缝地板掉下来被刮粪机及时清理，净化羊舍卫生条件，减少疾病发生的可能性。

二、消毒

消毒根据目的的不同分为预防性消毒和紧急消毒两类，这两类消毒除消毒药物选择上不同外，消毒方式也有区别。

1. 预防性消毒

预防性消毒也叫日常消毒，是羊场日常生产中必须进行的一项活动，其目的是杀灭环境中的有害微生物，从而防止疾病的发生、保证本场羊群健康。预防性消毒包括环境消毒、人员消毒、圈舍内部消毒及用具及运输工具消毒等。

2. 紧急消毒

紧急消毒是在羊群发生传染病或受到传染病的威胁时采取的预防措施。紧急消毒的具体方法是应首先对圈舍内外消毒后再进行清理和清洗，将羊舍内的污物、粪便、垫料、剩料等各种污物清理干净，并作无害化处理。所有病死羊只、被扑杀的羊群及其产品、排泄物以及被污染或可能被污染的垫料、饲料和其他物品应当进行无害化处理。无害化处理可以选择深埋、焚烧等方法，饲料、粪便也可以堆积密封发酵或焚烧处理。羊舍墙壁、地面、笼具，特别是屋顶木架等，用消毒液进行地面和墙壁喷雾或喷洒消毒，金属笼具等设备可采取火焰消毒。所有可能被污染的运输车辆、道路应严格消毒，车辆内外所有角落和缝隙都要用消毒液消毒后再用清水冲洗，不留死角，车辆上的物品也要做好消毒。参加疫病防控的各类工作人员，包括穿戴的工作服、鞋、帽及器械等都应进行严格的消毒，消毒方法可采用消毒液浸泡、喷洒、洗涤等，一次性用具消毒后做无害化处理，消毒过程中所产生的污水不能直接排放到环境中，应作无害化处理。

3. 消毒药物选择

养殖场根据生产实践，结合羊场防控其他动物疫病的需要，选择使用。一般来说，预防性消毒即日常消毒通常采用腐蚀性小、对人畜毒性低、对环境影响小的消毒药，而紧急消毒则首先需要选择对微生物杀灭作用强的药物，其他则考虑较少，有时需要根据病原微生物选择特定消毒药物消毒。

下面介绍几种常用消毒药的使用范围及方法。

（1）氢氧化钠（烧碱、火碱、苛性钠）　对细菌和病毒均有强大杀灭力，对细菌芽孢、寄生虫卵也有杀灭作用。常用2%～3%溶液来消毒出入口、运输用具、料槽等，但对金属、油漆物品均有腐蚀性，消毒时用清水冲洗干净用具后方可使用。

（2）石灰乳　先用生石灰与水按1∶1比例制成熟石灰后再用水配成10%～20%的混悬液用于消毒，对大多数繁殖型病菌有效，但对芽孢无效。可涂刷圈舍墙壁、畜栏和地面消毒。应该注意的是单纯生石灰没有消毒作用，而且长时间放置，导致其从空气中吸收二氧化碳变成碳酸钙，则消毒作用失效。

（3）过氧乙酸　市场出售的是浓度为20%的溶液，有效期半年，杀菌作用快而强，对细菌、病毒、霉菌和芽孢均有效。应现配现用，常用0.3%～0.5%浓度作喷洒消毒。

（4）次氯酸钠　用0.1%的浓度可带畜禽消毒，常用0.3%浓度作羊舍和器具消毒。宜现配现用。

（5）漂白粉　含有效氯 25%～30%，可用 5%～20% 浓度混悬液对厩舍、饲槽、车辆等喷洒消毒，也可用干粉末撒地消毒。用于饮水消毒时，每 100kg 水加 1g 漂白粉，30min 后即可饮用。

（6）强力消毒灵　目前效果最好的杀毒灭菌药之一。强力、广谱、速效，对人畜无害、无刺激性与腐蚀性，可带畜禽消毒。只需万分之十的浓度，便可以在 2min 内杀灭所有致病菌和支原体。使用 0.05%～0.1% 浓度在 5～10min 内可将病毒和支原体杀灭。

（7）新洁尔灭　刺激性小、毒性低，消毒效果温和，可用 0.1% 浓度消毒手，或浸泡 5min 消毒皮肤、手术器械。0.01%～0.05% 浓度溶液用于黏膜（子宫、膀胱等）及深部伤口的冲洗。忌与肥皂、碘、高锰酸钾、碱等配合使用。

（8）百毒杀　本品低浓度杀菌，杀菌效力可持续 7d，是一种较好的双链季铵盐类广谱杀菌消毒剂，无色、无味、无刺激和无腐蚀性。通常配制成万分之三或相应的浓度，用于圈舍、环境、用具的消毒。

（9）福尔马林　通常为含 37%～40% 甲醛的水溶液，有广谱杀菌作用，对细菌、真菌、病毒和芽孢等均有效，在有机物存在的情况下也具有良好消毒作用；缺点是具有刺激性气味，对羊群和人的影响较大。常以 2%～5% 的水溶液喷洒墙壁、羊舍地面、料槽及用具消毒；也用于羊舍熏蒸消毒，按每立方米空间用福尔马林 30mL，加高锰酸钾 15g，室温不低于 15℃，相对湿度 70%，关好所有门窗，密封熏蒸 12～24h。消毒完毕后打开门窗，除去气味即可。

4. 消毒注意事项

① 重视养殖场环境卫生消毒，在生产过程中保持内外环境的清洁非常重要，清洁是发挥良好消毒作用的基础。因此，养殖场区要求无杂草、垃圾；场区净、污染区分开；道路硬化，两旁有排水沟；沟底硬化，不积水；排水方向从清洁区流向污染区。

② 熏蒸消毒圈舍时，舍内温度保持在 18～28℃，空气中的相对湿度达到 70％以上才能很好地起到消毒作用。盛装药品的容器应耐热、耐腐蚀，容积应不小于福尔马林和水总容积的 3 倍，以免福尔马林沸腾时溢出灼伤操作人员。

③ 根据不同消毒药物的消毒作用、特性、成分、原理、使用方法及消毒对象、目的、疫病种类，选用两种或两种以上的消毒剂交替使用，但更换频率不宜太高，以防相互间产生化学反应，影响消毒效果。

④ 消毒操作人员要佩戴防护用品，以免消毒药物刺激眼、手、皮肤及黏膜等。同时也应注意避免消毒药物伤害动物及物品。

⑤ 消毒剂稀释后稳定性变差，不宜久存，应现用现配，一次用完。配制消毒药液应选择杂质较少的深井水或自来水。寒冷季节水温要高一些，以防水分蒸发引起家畜受凉而患病；炎热季节水温要低一些并选在气温最高时，以便消毒同时起到防暑降温的作用。喷雾用药物的浓度要均匀，对不易溶于水的药应充分搅拌使其溶解。

⑥ 生产区门口及各圈舍前消毒池内药液均应定期更换。

三、疫苗免疫

免疫接种是疫病防控最重要的防制措施之一，成功的免疫措施不仅需要合格、有效的疫苗制品，还需要规范的接种操作和科学适用的免疫程序，更为重要的是要建立一套可追溯的免疫标识和档案管理制度。因此，免疫技术包括疫苗选择、免疫程序、接种操作、不良反应应对、免疫标识和免疫档案管理等技术措施。

1. 疫苗选择

选择有农业农村部正式批准文号并由正规兽药企业生产的疫苗，且各羊场应根据自身的实际情况合理地选用抗原匹配性最佳的疫苗。

2. 免疫程序

疫苗注射应根据疫苗种类和养殖场羊群免疫抗体水平制定适

宜的免疫程序，并严格按免疫程序实施免疫接种工作。在按既定的免疫程序做好免疫的同时，当周边发生传染病疫情时，需要进行紧急免疫接种，即应用该传染病疫苗对全部羊进行一次强化免疫。

3. 免疫接种操作方法及注意事项

免疫前要严格做好接种用器具（如注射器、针头、镊子以及有关容器等）的消毒准备工作。注射器应使用兽用的可定量注射器，注意注射器定量卡扣是否松动，是否漏液等。使用前用高压灭菌或煮沸消毒法消毒至少 15min；针头使用 9～12 号针头，针头的消毒应采用高压蒸汽法进行；毛剪和镊子使用前应高压灭菌或煮沸消毒法消毒至少 15min；灭菌后的注射器与针头应放置于无菌盒内备用，也可使用一次性注射器和针头。

免疫接种工作须由兽医防疫人员或养殖场兽医人员执行；加强对养殖场兽医人员的技术培训，严格接种操作的细节要求。接种前应备有足够的碘酊棉球、注射器、针头、抗过敏药物以及免疫记录本等。坚持实行"一畜一针头"的接种规定。注射时应适当保定，严禁使用"飞针"注射。接种前将疫苗缓慢充分摇匀。疫苗在使用过程中应保存在保温箱内，注意防冻、防晒，油佐剂疫苗必须在 2～8℃下保存，切不可冷冻。吸出的疫苗不可回注于瓶内，每瓶疫苗启用后，限当日用完，超过 24h 则应废弃。

按照产品说明书中规定的剂量免疫；注射部位要准确，羊注射部位为颈部上 1/3 处，斜向后方向进针并与皮肤表面成 45°角，疫苗要确保注入深层肌肉内；细毛羊、绒山羊由于被毛密，注射部位应剪毛后再用碘酊或 70% 酒精棉擦净消毒；接种前应仔细定量，确保免疫剂量准确足量；吸取疫苗时应在疫苗瓶塞边缘插入一支进气针头，针头应从瓶塞中央进入并固定在瓶塞上专用于吸取疫苗，另安装注射针头用于疫苗接种，进气针头、吸疫苗针头和注射针头三者之间应严格分开使用，注射器严禁在疫苗瓶内排空气；在注射针头上覆盖棉球，将针筒排气溢出的疫苗液吸积于棉球上，并将其收集于专用瓶内集中处理，不能随处丢弃。

4. 免疫应激反应的预防及处置

通常大多数羊在接种疫苗后不会出现明显的不良反应，而少数羊会出现一过性的精神沉郁，食欲下降，注射部位出现短时轻度炎性水肿等局部或全身性异常表现，这都是注苗后的正常反应。但有时会发生反应程度严重（如过敏反应，表现为缺氧、黏膜发绀、呼吸困难、口流涎沫、全身肌肉颤抖、出汗、呕吐食物、虚脱或惊厥等临床症状）或出现反应的动物数量较多的情况，原因通常是由于疫苗的质量低劣、注射剂量过大、操作错误、接种途径或使用对象不准等因素引起。

（1）接种疫苗时的注意事项

① 接种前后 1 周内饲料中可适当添加小剂量的左旋咪唑、亚硒酸钠和维生素 E 等免疫增强剂类物质；不要使用肾上腺素类的激素药物或免疫抑制性药物（如链霉素、新霉素、卡那霉素、四环素、磺胺等）或抗病毒药物。

② 在免疫接种前必须进行羊群健康状态、体质等生理状况的检查，病弱羊、怀孕羊可暂缓接种，其免疫严格按说明书要求进行及时补免。

③ 免疫接种最好选择在温度适宜、天气晴朗的时候进行，应尽量避开阴雨天，夏季在早晚凉爽时进行，冬天在中午温暖时进行。

④ 免疫接种前应尽可能避免羊群剧烈活动（如长途运输、转群、采血等），防止羊群处于应激状态，在接种过程中采取必要措施以避免过分驱赶或捕捉。

⑤ 免疫后须让羊群适当静休，同时兑制 0.04% 多维电解质水供其自由饮用，并密切观察是否出现异常反应，对持续表现高热的羊除了供给充足的多维电解质水之外，还需采取退热措施。

（2）应激反应的应急处理措施

① 一般反应：个别羊注射疫苗后出现轻度精神萎靡或不安、食欲减少和体温稍高等情况，一般不需要治疗，将其置于适宜环境下 1～2d，症状即可自行减轻或消失，不必采取治疗措施。

② 急性反应：极个别羊注射疫苗后可能出现急性过敏反应，如气喘、呼吸加快、眼结膜充血、发抖、皮肤发紫、口吐白沫、时常排粪、后肢不稳或倒地抽搐，如抢救不及时很可能死亡。一般需尽快肌内注射盐酸异丙嗪 100mg；肌内注射地塞米松磷酸钠 10mg（孕畜不用）；皮下注射 0.1％盐酸肾上腺素 1mL。若发生过敏反应羊体温超过 40℃，可注射复方氨基比林；若发生过敏反应的羊心脏衰竭、皮肤发绀，可注射安钠咖，注意保温，并给予充足、干净的饮水。

③ 最急性反应：迅速皮下注射 0.1％盐酸肾上腺素 1mL，20min 后根据缓解程度，可重复同剂量再注射一次；肌内注射盐酸异丙嗪 100mg；肌内注射地塞米松磷酸钠 10mg（孕畜不用）。

5. 动物标识与免疫档案

羊场应每季度提前向动物防疫主管部门申报养殖数以及所需的动物标识数量。

对羊实施免疫接种后须按照《畜禽标识和养殖档案管理办法》中的规定，建立免疫档案，加施牲畜标识。

免疫接种后应及时认真地填写免疫接种记录表，内容包括疫苗名称、接种日期、舍号、栏号、年龄、免疫头数、免疫剂量、疫苗信息（类别、生产厂家、有效期、批号等）以及接种人员，针对每一只羊建立规范性的免疫档案。

免疫注射后应适时进行免疫抗体水平的检测和免疫效果评价。

四、驱虫及药物治疗

在羊群饲喂青草期间，易感染寄生虫病，要求每个季节驱虫一次。

1. 常用驱虫药

（1）苯硫咪唑（芬苯哒唑）或丙硫咪唑（抗蠕敏、阿苯哒唑）每千克体重用 15mg，一次灌服。该药对绦虫、线虫和吸虫均有效。

（2）左旋咪唑　片剂，每千克体重用 10mg，一次内服；针剂，每千克体重用 7.5mg，一次肌内注射。该药用于防治羊线虫病。此药安全范围较小，不宜随意增大用药剂量。

（3）伊维菌素（阿维菌素、虫克星、灭虫丁） 可同时驱除体内线虫和蜱、螨、虱等各种体外寄生虫，但对吸虫和绦虫无效。针剂，每千克体重用 0.2mg，皮下注射；粉剂、片剂、胶囊剂，每千克体重用 0.2g，可混入少量精料内喂饲或用水调匀后灌服。

（4）美里哒唑 本品具有广谱、高效、安全的优良性能，能驱除体内各种寄生虫，每千克体重用 15mg 灌服。

2. 常用给药方法

主要有口服、直肠灌注和注射 3 种。

（1）口服 驱除羊体内寄生虫和治疗胃肠疾患的药物大多数由口灌服。方法是使羊站立，用腿夹住颈部，或者由助手抱住羊的颈部，给药人用左手拇指从羊嘴角插入，压住舌头，同时用右手将药瓶的瓶嘴从另一嘴角伸入嘴内，左手将羊头轻轻提起，然后将药液均匀地倒入。如药液较多，要缓慢灌服，防止灌得过猛而呛入气管。

（2）直肠灌注 便秘或驱除大肠后段寄生虫时，可用直肠灌注法。方法是站立保定病羊，将灌肠管慢慢插入肛门，再提起漏斗把药物灌入肠内，如药液流得太慢，可轻轻抽动管子，加快药液灌入速度。

（3）注射 分皮下注射、肌内注射和静脉注射 3 种。皮下注射在股内侧进行，根据笔者的经验，为了提高注射速度，也可在前腿内侧有皱褶处进行，但无论在什么部位，都要用左手提起欲注射部位皮肤，使其形成皱褶，然后将针头成 15°角插入皮下进行注射。肌内注射多在大腿内、外侧肌内或颈部肌内进行，以颈部肌内注射为好，便于操作。在大腿内、外侧进行肌内注射，不仅部位难掌握、难操作，也容易将针头插到骨头，造成注射羊跛行。肌内注射不需要将皮肤提起，针头与皮肤成 90°角插入，插入时要注意深度适中，也不能刺进血管。静脉注射的主要部位是颈静脉，注射时病羊站立或横卧，方法是在颈部注射部位剪毛消毒（在实际工作中也可直接消毒），用左手压住颈部下端阻止血液回流，这时静脉鼓起似索状，右手将针头刺入，如果针头刺中静脉，注射器内会有血液流入，这时就可以进行颈静脉注射。如果针头插入过深，可慢慢退出一些，直至针筒内出现血液为止。

3. 注意事项

① 有些药物对妊娠母羊或羔羊不能用，所以在预防用药时要有选择性，并严格按照使用说明操作，以防发生意外。

② 长期使用抗菌药，会破坏瘤胃中的正常微生物生态平衡，影响消化功能，引起消化不良。一般连用 5～7d 为宜。尤其成年羊口服广谱抗生素，例如土霉素等，常会引起严重的菌群失调甚至动物死亡的危险，故不宜在成年动物中应用广谱抗生素。

③ 长期使用某一种抗生素或化学药物，容易产生耐药菌株，影响药物的防治效果。因此，要经常进行药敏试验，选择高度敏感的药物用于防治。

第三节　发生重大疫情的应急措施

一、紧急免疫

紧急免疫是在羊群发生传染病时，为了迅速控制和扑灭其流行，而对疫区或受威胁区内尚未发病动物进行的应急免疫接种，可以使用免疫血清或疫（菌）苗，使用血清较为安全有效，在烈性传染病暴发时在疫区应用疫（菌）苗广泛性紧急接种是一种切实可行的办法，能够取得较好的效果。

对疫区和受威胁区内的所有易感羊群进行紧急免疫接种，建立免疫档案。紧急免疫接种时，应遵循从受威胁区到疫区的顺序进行免疫。

二、封锁疫区

根据疫病的流行规律、当时流行情况和具体条件，确定疫点、疫区和受威胁区。执行时应掌握"早、快、严、小"原则。

发生疫情地区的畜牧兽医行政主管部门，根据临诊诊断、流行病学调查和实验室诊断结果，确定疫病种类，向当地政府书面申请封锁报告，根据不同的病种和疫情蔓延情况，载明疫点、疫区、受威胁区的面积，请求政府发布封锁令。

当地政府接到申请后，应在 24h 之内向社会发布封锁令，划定疫点、疫区（以疫点为圆心半径 3km 范围）、受威胁区（根据病种确定范围）。在封锁区边缘地区设立明显标志和卡口检疫人员，禁止易感动物进出封锁区。

严禁人、畜禽、车辆出入和畜禽产品及可污染的物品运出。在特殊情况下，人员必须出入时，经有关兽医人员许可，经严格消毒后出入。对病死畜禽及同群畜禽，县级以上农牧部门有权采取扑杀、销毁或无害化处理等措施，畜主不得拒绝。疫点出入必须有消毒设施，疫点内用具、圈舍、场地进行严格消毒，疫点内的畜禽粪便、垫草、受污染草料必须在兽医人员监督指导下进行无害化处理。

交通要道必须建立临时性检疫消毒卡，备有专人和消毒设备，监视畜禽及其产品移动，对出入人员、车辆进行消毒。停止集市贸易和疫区内畜禽及其产品的采购。未污染的畜禽产品必须运出疫区时，经县级以上农牧部门批准，在兽医防疫人员监督指导下，经外包装消毒后立即运出。非疫点的易感畜禽，必须进行检疫或预防注射。

三、扑杀并无害化处理

动物防疫监督机构向疫区畜主下达强制行为决定书，由公安部门负责对疫区内的染疫动物进行扑杀，并按《畜禽病害肉尸及其产品无害化处理规程》的有关规定进行处理。

1. 选址

应当选择地表水位低、远离学校、公共场所、居民住宅区、动物饲养场、屠宰场及交易市场、村庄、饮用水源地、河流等的地域。位置和类型应当有利于防洪，尸体坑的深度最低 2m，坑底铺垫生石灰，覆盖土之前再撒一层生石灰。

2. 病死羊的扑杀和无害化处理

（1）扑杀　采取电击或药物注射的方法。将动物尸体用密闭车运往处理场地予以销毁。

（2）无害化处理方法　采取深埋或焚化的方法处理。疫区附近有大型焚尸炉的，可采用焚化的方式。

参考文献

［1］　国家畜禽遗传资源委员会组．中国畜禽遗传资源志（羊志）［M］．北京：中国农业出版社，2011.

［2］　全国畜牧总站组．中国畜禽种业 70 年［M］．北京：中国农业出版社，2022.

［3］　李发弟，王维民，乐祥鹏，等．肉羊种业的昨天、今天和明天［J］．中国畜牧业，2021，26（13）：29-33.

［4］　李建国．畜牧学概论［M］．北京：中国农业出版社，2019.

［5］　刘湘涛．新编羊病综合防控技术［M］．北京：中国农业科学技术出版社，2011.

［6］　罗军，史怀平，王建民，等．中国奶山羊产业发展综述——发展趋势及特征［J］．中国奶牛，2019，37（10）：6-13.

［7］　马友记．北方养羊新技术［M］．北京：化学工业出版社，2016.

［8］　马友记．肉羊高效饲养技术有问必答［M］．北京：中国农业出版社，2017

［9］　马友记．绵羊高效繁殖理论与实践［M］．兰州：甘肃科学技术出版社，2013.

［10］　马友记，李发弟．中国养羊业现状与发展趋势分析［J］．中国畜牧杂志，2011，47（14）：16-20.

［11］　马友记．我国绵、山羊育种工作的回顾与思考［J］．畜牧兽医杂志，2013，32（05）：26-28+ 30.

［12］　田可川，郑文新，肖海峰，等．2021 年绒毛用羊生产与贸易、产业技术发展概况［J］．中国畜牧杂志，2022，58（03）：264-269.

［13］　任继周，李发弟，曹ाध्वedयाल建民，等．我国牛羊肉产业的发展现状、挑战与出路［J］．中国工程科学，2019，21（05）：67-73.

［14］　石国庆．绵羊繁殖与育种新技术［M］．北京：金盾出版社，2010.

［15］　王锋．动物繁殖学［M］．北京：中国农业大学出版社，2022.

［16］　王惠生．绵羊山羊科学引种指南［M］．北京：金盾出版社，2010.

［17］　张克山．羊场执业兽医工作手册［M］．北京：中国农业出版社，2022.

［18］　张英杰．羊生产学（第四版）［M］．北京：中国农业出版社，2019.

［19］　张英杰．我国羊产业发展形势分析［J］．饲料工业，2020，41（21）：1-4.

［20］　赵有璋．中国养羊学［M］．北京：中国农业出版社，2013.

［21］　赵有璋．羊生产学（第三版）［M］．北京：中国农业出版社，2011.

附 录

附录1 种羊生产性能测定方法

1.1 通用性能测定

1.1.1 初生重

羔羊出生后待母羊舔干或人工擦干羔羊身上黏液，1h内未饮初乳前称得的体重，单位kg，精确到小数点后1位。

1.1.2 阶段体重

断奶重、周岁重、成年体重，单位kg，精确到小数点后1位。

1.1.3 公羊繁殖性能

1.1.3.1 精液量

健康公羊一次射出精液的量，单位mL。

1.1.3.2 精子密度

1mL精液中所含有的精子数目，单位亿个/mL。

1.1.3.3 精子活力

以直线前进运动的精子所占的比例来确定其活率等级，100%直线前进运动者为10分。

1.1.3.4 精子畸形率

用吉姆萨染色法测定，每次随机测定200个精子，用百分率表示。吉姆萨染色法参照GB 20557—2006执行。

1.1.4 母羊繁殖性能

1.1.4.1 初配年龄

体重达到成年体重 70% 的月龄。

1.1.4.2 性成熟年龄

种羊达到性成熟时的月龄。

1.1.4.3 产羔率

实际产羔数与产羔母羊数的百分比，按公式（1-1）进行计算。用百分数表示，精确到小数点后 1 位。

$$A = \frac{B}{C} \times 100\%$$ (1-1)

式中：A 为产羔率；B 为实际产羔数；C 为产羔母羊数。

1.1.4.4 繁殖成活率

断乳羔羊数与能繁母羊数的百分比，按公式（1-2）进行计算。用百分数表示，精确到小数点后 1 位。

$$D = \frac{E}{F} \times 100\%$$ (1-2)

式中：D 为繁殖成活率；E 为断乳羔羊数；F 为能繁母羊数。

1.1.5 体尺

1.1.5.1 体高

鬐甲最高点到地平面的垂直距离，单位 cm，采用测杖测量。

1.1.5.2 体长

由肩端前缘到坐骨结节端的直线距离，单位 cm，采用测杖测量。

1.1.5.3 胸围

在肩胛骨后角处垂直于体躯的周径，单位 cm，采用卷尺测量。

1.1.5.4 管围

左前肢管部最细处（约位于上三分之一处）的水平周径，单位 cm，用卷尺测量。

1.2 肉用性能测定

1.2.1 90 日龄体重

90 日龄时称量得到的体重，单位 kg。

1.2.2 6 月龄体重

6 月龄时称量得到的体重，单位 kg。

1.2.3 宰前活重

待测羊在屠宰前空腹 24h 的体重，单位 kg，精确到小数点后 1 位。

1.2.4 胴体重

将待测羊只屠宰后，去皮毛、头（由环枕关节处分割）、前肢腕关节和后肢飞节以下部位，以及内脏（保留肾脏及肾脂），剩余部分静置 30min 后称重结果，单位 kg，精确到小数点后 1 位。

1.2.5 屠宰率

胴体重加上肾周脂肪重（包括大网膜和肠系膜的脂肪）与宰前活重的百分比，按公式(1-3)进行计算，精确到小数点后 1 位。

$$J = \frac{K+L}{M} \times 100\% \tag{1-3}$$

式中：J 为屠宰率；K 为胴体重；L 为肾周脂肪重；M 为宰前活重。

1.2.6 背膘厚

1.2.6.1 屠宰后测定

第 12 对肋骨与第 13 对肋骨之间眼肌中部正上方脂肪的厚度，单位 mm。用游标卡尺测量，结果精确到小数点后 1 位。

背膘厚评定分 5 级：1 级 ＜5mm、5mm≤2 级 ＜10mm、10mm≤3 级 ＜15mm、15mm≤4 级 ＜20mm、5 级 ≥20mm。

1.2.6.2 活体超声波测定

1.2.6.2.1 仪器检查

测量前必须对设备进行运行检查和校正。

1.2.6.2.2 确定测膘部位

站立保定并保持腰背相对平直，确定测膘部位（肩胛后沿、最后肋处及腰荐接合处距背中线 4cm 处）。

1.2.6.2.3 获取图像

开机→涂超声胶→置探头于测膘部位→保持探头与测定部位紧密结合→观察图像→冻结图像→设置记录个体号。

1.2.6.2.4 测量

检查确认个体号→选择并使用测量工具（距离测量或面积测量）进行测量→记录测量结果→保存→测量完毕→打开保定器→赶出被测羊只个体。

1.2.6.2.5 记录

严格执行设备操作规程，按规定认真填写原始记录。

1.2.6.2.6 测定注意事项

测定时测定羊应站立保定、保持背腰相对平直，探头应松紧适度，不能过紧也不能过松，保持探头与测定部位密合为宜。

1.2.7 眼肌面积

1.2.7.1 屠宰后测定

从右半片胴体的第 12 根肋骨后缘横切断，将硫酸纸贴在眼肌横断面上，用软质铅笔沿眼肌横断面的边缘描下轮廓。用求积仪或者坐标方格纸计算眼肌面积，按公式(1-4)进行计算。若无求积仪，可采用不锈钢直尺，准确测量眼肌的高度和宽度，并计算眼肌面积。单位 cm^2。结果精确到小数点后 2 位。

$$Q = R \times S \times 0.7 \qquad (1-4)$$

式中：Q 为眼肌面积；R 为眼肌的高度；S 为眼肌的宽度。

1.2.7.2 活体超声波测定

活体背膘和眼肌面积测定在同一位置，测定方法同 2.2.6.2。

1.2.8 肋肉厚（GR 值）

肋肉厚是第 12 与第 13 对肋骨之间，距背脊中线 11cm 处的组织厚度，作为代表胴体脂肪含量的标志，单位 mm，精确到小数点后 1 位，参见图 1-1。

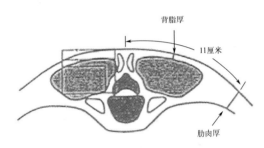

图 1-1　背膘厚和肋肉厚参照图

GR 值大小与胴体膘分的关系：0mm≤GR 值＜5mm，胴体膘分为 1（很瘦）；5mm≤GR 值＜10mm，胴体膘分为 2（瘦）；10mm≤GR 值＜15mm，胴体膘分为 3（中等）；15mm≤GR 值＜20mm，胴体膘分为 4（肥）；GR 值≥20mm 上，胴体膘分为 5（极肥）。

1.2.9 肉骨比

胴体经剔净肉后，称出实际的全部净肉重量和骨骼重量，按照公式(1-5)进行计算。结果精确到小数点后 2 位。

$$T = \frac{U}{V} \tag{1-5}$$

式中：T 为肉骨比；U 为净肉重量；V 为骨骼重量。

1.2.10 腰肉重

从第 12 对肋骨与第 13 对肋骨之间横切下腰肉的重量，单位 kg。

1.2.11 后腿重

从最后腰椎处横切下后腿肉的重量，单位 kg。

1.2.12 胴体净肉率

胴体重与骨重的差值占胴体重的百分比。按照公式（1-6）进行计算：

$$o = \frac{p-q}{r} \times 100\%\qquad(1\text{-}6)$$

式中：o 为胴体净肉率；p 为胴体重；q 为骨重；r 为胴体重。

1.2.13 肉色

宰后 2h 内进行，在最后一个胸椎处取背最长肌肉样，将肉样分为 2 份，平置于白色瓷盘中，将肉样和肉色比色板在自然光下进行对照，目测评分，采用 5 分制比色板评分：浅粉色评 1 分，微红色评 2 分，鲜红色评 3 分，微暗红色评 4 分，暗红色评 5 分。两级间允许评定 0.5 分。凡评为 3 分或 4 分均属于正常颜色。目测评定时，避免在阳光直射下或在室内阴暗处评定。肉色比色板参见图 1-2。

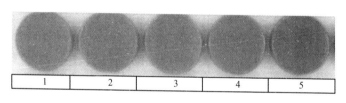

图 1-2　肉色比色板

1.2.14 失水率

宰后 2h 内进行，腰椎处取背最长肌 7cm 肉样一段，平置在洁净的橡皮片上，用直径为 5cm 的圆形取样器切取中心部分背最长肌样品一块，厚度为 1.5cm，立即用感量为 0.001g 的天平称重（压前重量），然后夹于上下各垫 18 层定性中速滤纸中央，再上下各用一块 2cm 厚的塑料板，在 35kg 的压力下保持 5min，撤除压力称肉样重量（压后重量）。按公式（1-7）进行计算：

$$f = \frac{g-h}{g} \times 100\%\qquad(1\text{-}7)$$

式中：f 为肉品失水率；g 为压前重量；h 为压后重量。

1.2.15 体况评分

采用 5 级评分，评分方法如下。

a）1 分：羊只极度瘦弱，骨骼显露，无脂肪覆盖，手感容易触及，羊只行动正常；

b）2 分：羊只偏瘦，肌肉组织外部正常，骨骼外露不显，横突圆滑，手指较难触及，背、臀、肋骨部位有薄层脂肪覆盖。羊只健康，行动敏捷；

c）3 分：羊只脊柱滚圆平滑，肌肉丰满，羊体主要部位有中等厚度脂肪覆盖，横突滚圆平滑，手指很难触及；

d）4 分：全躯外观隆圆，肩、背、臀、前肋处有较多脂肪沉积，肌肉丰满，硬实，横突无法触及；

e）5 分：脂肪在肩部、背部、臀部和前肋处有大量脂肪沉积，肌肉非常丰满，横突无法触及，硬实感差，羊只行动少，不爱活动。

1.3 毛用性能测定

1.3.1 剪毛量

被测种羊进剪毛站（场、舍）后，记录其编号，然后进行剪毛。剪毛时，剪毛刀应紧贴皮肤。将全身各部位的毛都剪净，所留毛茬不得超过 0.5cm。将所剪的毛全部收集，用秤称量。准确记录称量结果，单位 kg，精确到小数点后 1 位。

1.3.2 净毛率

分别从被测种公羊的 3 个部位：肩部（肩胛骨中心点）、体侧（肩胛骨后缘 10cm 偏上处）、股部（腰角与飞节连线的中点）各取毛样 50g；被测种母羊为 1 个部位，即肩部取毛样 50g；填写采样卡，与毛样一并装入采样袋中。将样品混匀后等分为 3 份，按 GB 6978—2007 或 GB/T 14271—2008 标准检测。精确到小数点后 2 位。

1.3.3 净毛量

净毛量按公式(1-8)进行计算，单位 kg，精确到小数点后1位。

$$l = m \times n \tag{1-8}$$

式中：l 为净毛量；m 为剪毛量；n 为净毛率。

1.3.4 剪毛后体重

被测羊只剪毛后称测的体重，单位 kg。精确到小数点后1位。

1.3.5 被毛密度

以手感密厚程度来判定（用手抓捏和触摸羊体主要部位被毛），判定结果按 NY 1—2004 中被毛密度评分执行。

1.3.6 纤维直径

分别从被测种公羊的三个部位（肩部、体侧和股部）各取毛样15g；被测种母羊的1个部位（体侧）各取毛样 15g；填写采样卡，与毛样一并装入采样袋中。样品按 GB/T 21030—2007 标准或 IWTO 47—2000 标准检测。

1.3.7 毛丛自然长度

将毛丛分开，保持羊毛的原自然状态，用有毫米刻度单位的钢直尺沿毛丛的生长方向测量其自然长度。母羊只测量体侧部位；公羊除体侧外，还应测量肩部、股部、背部（背部中点）和腹部（腹中部偏左处）等部位，记录时按肩部、体侧、股部、背部、腹部顺序排列。当羊毛实际生长期超过或不足 12 个月时，按公式(1-9)换算成 12 个月的毛长，单位 cm。

$$AT = \frac{AU}{AW} \times 12 \tag{1-9}$$

式中：AT 为 12 个月毛长；AU 为鉴定时羊毛的实际长度；AW 为羊毛生长的实际月份数。

1.3.8 羊毛油汗

观察羊左侧体中线偏上方肩胛骨后缘 10cm 处油汗的含量及油

汗的颜色，判定结果按 NY 1—2004 中油汗评分执行。

1.3.9 羊毛强伸度

拉断羊毛纤维时所需用的力；伸度是指将已经拉到伸直长度的羊毛纤维，再拉伸到断裂时所增加的长度占原来伸直长度的百分比。具体检测方法参照 IWTO 32—1982(E) 标准检测。

1.3.10 羊毛匀度

据体侧与股部羊毛纤维直径的差异和毛丛内羊毛纤维间的差异来评定，判定结果按 NY 1—2004 中细度匀度评分执行。

1.3.11 羊毛弯曲形状

应在毛被主要部位（体侧）将毛丛分开观察判断，判定结果按 NY 1—2004 中弯曲评分执行。

1.3.12 弯曲大小

在测定部位分开毛被向两边轻轻按压并使毛丛保持自然状态，测量毛纤维中部 2.5cm 内弯曲数量，按公式(1-10)计算出 1cm 内的弯曲数，精确到小数点后 1 位。1cm 内有 4.5 个及以下弯曲的为大弯曲；5.0 个～5.5 个的为中度弯曲；6.0 个及以上的为小弯曲。

$$t = \frac{y}{2.5} \tag{1-10}$$

式中：t 为弯曲数；y 为 2.5cm 内弯曲数量。

1.4 绒用性能测定

1.4.1 抓（剪）绒量

从具有双层毛被的羊身上抓（剪）取得的，以下层绒毛为主附带有少量自然杂质、未经加工的绒毛量。单位 g，精确到小数点后 1 位。

1.4.2 抓（剪）绒后体重

按公式(1-11)进行计算：

$$u = v - w \tag{1-11}$$

式中：u 为抓（剪）绒后体重；v 为抓（剪）绒前体重；w 为抓（剪）绒量。

1.4.3 绒层厚度

在肩胛后一掌体侧中线稍上处，用不锈钢直尺测量绒层底部至绒层顶端之间距离。单位 mm，精确到小数点后 1 位数。

1.4.4 纤维直径

从被测种羊只左侧体中线偏上方肩胛骨后缘 10cm 处按绒的采集方法抓取 15g 左右的绒。填写采样卡，与样品一并装入采样袋中。样品按 GB/T 21030—2007 标准或 IWTO 47—2000 标准检测。

1.4.5 净绒率

按 GB/T 14271—2008 标准规定测算。

1.4.6 羊绒强度

按 GB/T 13835.5—2009 标准检测。

1.4.7 羊绒颜色

指羊绒的天然颜色。按 IWTO 56—2003 标准检测。

1.5 羔裘皮性能测定

1.5.1 被毛光泽

在室内，被毛朝上，对着自然光线（避开直射光线），观察被毛反射出的光泽程度。分为正常（亦称光润）、不足（亦称欠光润）、碎玻璃状光泽三种。

1.5.2 花纹类型

根据品种标准判定花纹类型，判定结果为串字花、软大花、波浪花、片花等。

1.5.3 花案面积

将皮张毛面向上平展地铺在操作台上，选取花案分布部位量取长度、宽度并计算花案面积。单位 cm^2，精确到小数点后 1 位。按公式(1-12)进行计算：

$$AE = AF \times AG \tag{1-12}$$

式中：AE 为花案面积；AF 为花案分布长度；AG 为花案分布宽度。

1.5.4 皮张厚度

皮张厚度计算方法按 QB/T 1268—1991 标准执行。

1.5.5 正身面积

将皮张毛面向上平展地铺在操作台上，用直尺量取毛皮上前肩横线至尾根横线之间的长度以及两肷之间的宽度，并计算正身面积，单位 cm^2。按公式(1-13)进行计算：

$$AH = AI \times AJ \tag{1-13}$$

式中：AH 为正身面积；AI 为前肩至尾根的长度；AJ 为两肷之间的宽度

1.5.6 皮重

称测加工好的皮张的重量。单位 g，精确到小数点后 1 位。

1.5.7 皮板质量

将皮张板面朝上、毛面朝下平展的放在操作台上，抚摸板面各处厚薄是否适中、均匀和坚韧；有无描刀、破洞等人为加工缺陷。皮板质地可分为良好、略薄、薄弱三种。

1.5.8 毛皮面积

将皮张毛面向上平展铺在操作台上，用直尺量取颈部中间至尾根直线距离作为皮的长度，皮张腰部适当位置两侧的直线距离作为皮宽度，并计算皮面积，单位 cm^2。精确到小数点后 1 位。按公式(1-14)进行计算：

$$AB = AC \times AD \tag{1-14}$$

式中：AB 为皮张面积；AC 为长度；AD 为宽度。

1.6 乳用性能测定

1.6.1 90 天产奶量

在正常饲养水平条件下，每只产奶种母羊一个泌乳期第 90d 的产奶量，单位 kg。

1.6.2 泌乳期产奶量

在正常饲养水平条件下，每只产奶种母羊每一泌乳期的产奶量，单位 kg，需注明胎次。

1.6.3 乳干物质率

以一个泌乳期的第 2、5、8 个泌乳月的第 15d 的奶的干物质重量之和与这几天产奶量之和的百分比来表示干物质率。精确到小数点后 2 位。按公式(1-15) 进行计算：

$$AQ = \frac{AR}{AS} \times 100\%$$ (1-15)

式中：AQ 为干物质率；AR 为第 2、5、8 个泌乳月第 15d 所产奶的干物质重量之和；AS 为第 2、5、8 个泌乳月第 15d 所产奶量之和。

1.6.4 乳脂率

以一个泌乳期的第 2、5、8 个泌乳月第 15d 所产奶的脂肪量之和与这几天产奶量之和的百分比来表示其乳脂率。精确到小数点后 2 位。按公式(1-16) 进行计算：

$$AK = \frac{AL}{AM} \times 100\%$$ (1-16)

式中：AK 为乳脂率；AL 为第 2、5、8 个泌乳月第 15d 所产奶的脂肪量之和；AM 为第 2、5、8 个泌乳月第 15d 所产奶量之和。

1.6.5 乳蛋白率

以一个泌乳期的第 2、5、8 个泌乳月第 15d 所产奶的蛋白量之和与这几天产奶量之和的百分比来表示其乳蛋白率。精确到小数点后 2 位。按公式(1-17) 进行计算：

$$AN = \frac{AO}{AP} \times 100\%$$

$$(1-17)$$

式中：AN 为乳蛋白率；AO 为第 2、5、8 个泌乳月第 15d 所产奶的蛋白量之和；AP 为第 2、5、8 个泌乳月第 15d 所产奶量之和。

1.6.6 后代群体平均产奶量

在一般饲养水平下，后代群体平均产奶量是子代群体每一年度所产奶量的总和与实际产奶羊只数之比，单位 kg。结果保留一位小数，须注明胎次。

附录 2　种羊登记表格汇总

2.1 种羊生产性能测定信息登记表

附表 2-1　种羊生产性能测定信息登记表

编号：　　　　　　　　　　登记日期：　　　年　　月　　日

场（小区、站、公司、户）名：

地点：　　　省　　　县（区、市）　　　乡（镇）　　村

联系人：　　　　　　联系方式：

基本情况					
品种		类型		个体编号	
出生日期		性别		出生地	
引入日期		来源地		毛色	
综合鉴(评)定等级					
通用性状					
出生重 /kg		断奶重 /kg		周岁重 /kg	成年体重 /kg
精液量/mL		精子密度 /(亿个/mL)		精子活力	精子畸形率 /%

通用性状			
性成熟年龄	初配年龄	产羔率/%	繁殖成活率/%
体高/cm	体长/cm	胸围/cm	管围/cm

肉用性状			
90 日龄体重/kg	6 月龄体重/kg	宰前活重/kg	胴体重/kg
屠宰率/%	背膘厚/cm	眼肌面积/cm^2	肋肉厚/mm
肉骨比/%	腰肉重/kg	后腿重/kg	胴体净肉率/%
肉色	失水率/%	体况评分	

毛用性能		
剪毛量/kg	净毛量/kg	剪毛后体重/kg
被毛密度	毛丛自然长度/cm	纤维直径/μm
羊毛油汗	净毛率/%	羊毛强伸度/cm
羊毛匀度	羊毛弯曲形状	弯曲大小

绒用性能			
抓(剪)绒量/kg	抓(剪)绒后体重/kg	纤维直径/μm	羊绒强度
净绒率/%	羊绒颜色	绒层厚度/mm	

羔裘皮用性能		
被毛光泽	花纹类型	皮板质量
毛皮面积/cm^2	皮重/g	皮张厚度/mm
正身面积/cm^2	花案面积/cm^2	

续表

乳用性能			
90 天产奶量/kg	泌乳期产奶量/kg	乳干物质率/%	
乳脂率/%	乳蛋白率/%	后代群体泌乳期 平均产奶量/kg	

变动信息					
离群日期	离群去向	离群原因			
		转让	出售	死亡	淘汰

记录人：　　　　　　　　电话：

2.2 系谱

登记种羊 3 代以上系谱，登记表如附表 2-2。

附表 2-2　系谱登记表

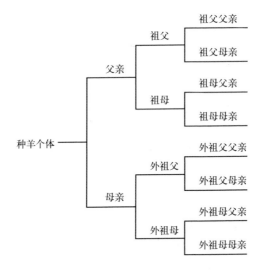

2.3 外貌特征登记表

2.3.1 肉用种羊外貌评定登记表

附表 2-3　肉用种羊外貌评定登记表

编号：　　　　　　　　　　　　　日期：　　　年　　月　日

地点：　　省　　县（区、市）　　乡（镇）　　村

联系人：　　　　　联系方式：

羊号				
项目	评分标准		标准分	评分
一般外貌	外貌特征、被毛颜色符合品种要求。体质结实，体格大，各部位结构匀称；头大小适中、额宽面平、鼻梁隆起、耳大稍垂、有角或无角；体躯近似圆桶状或长方形。膘情中上		15	
前躯	公羊颈短粗、母羊颈略长；颈肩结合良好。胸部宽深、鬐甲低平，肋骨弓张良好		25	
后躯	背长、宽，背腰平直、肌肉丰满，后躯发育良好		30	
四肢	四肢短粗、结实，肢势端正，后肢间距大，肌肉发达，呈倒"U"字形，蹄质坚实		10	
性征	公羊睾丸对称，发育良好；母羊乳房发育良好		20	
总分				
等级				

记录人：　　　　　电话：

鉴定人：　　　　　电话：

2.3.2 毛用种羊外貌评定登记表

附表 2-4　毛用种羊外貌评定登记表

编号：　　　　　　　　　　　　　日期：　　　年　　月　　日

地点：　　省　　县（区、市）　　乡（镇）　　村

联系人：　　　　　联系方式：

羊号	鉴定		等级	备注
	LMWHY	□		

羊号	鉴定		等级	备注
	LMWHY	☐		
	LMWHY	☐		
	LMWHY	☐		
	LMWHY	☐		
	LMWHY	☐		
	LMWHY	☐		
	LMWHY	☐		
	LMWHY	☐		
	LMWHY	☐		

记录人： 电话：

鉴定人： 电话：

2.3.3 绒用种羊外貌评定登记表

附表2-5 绒用种羊外貌评定表

编号： 日期： 年 月 日

地点： 省 县（区、市） 乡（镇） 村

联系人： 联系方式：

羊号			
项目	评分标准	标准分	评分
一般外貌	外貌特征符合品种要求。公羊头大颈粗，母羊头轻小，公、母羊均有角；体格中等，结实紧凑；额顶有长毛，颌下有髯，面部清秀，眼大有神，公、母羊均有角；体质结实，各部结构匀称；尾瘦而短，尾尖上翘	15	
被毛	毛层混生，清晰易辨；外层着生长而稀的有髓毛和两型毛，内层着生密集的无髓绒毛；绒层高度、绒纤维直径和绒毛颜色符合品种要求	35	
前躯	公羊颈宽厚、母羊颈较细长，与肩结合良好，胸深背直、肋骨弓张	10	

羊号			
项目	评分标准	标准分	评分
后躯	背腰平直、腹部与胸近平直,后躯发达	10	
四肢	四肢粗壮端正、结实、蹄质坚实	15	
性征	公羊睾丸对称,发育良好,无单睾、隐睾;母羊外阴正常,乳房发育良好	15	
总分			
等级			

2.3.4 乳用种羊外貌评定登记表

附表2-6 乳用公羊外貌评定登记表

编号: 　　　　　　　　　　日期: 　　年　　月　　日

地点: 　　省　　县(区、市)　　乡(镇)　　村

联系人: 　　　　　联系方式:

羊号			
项目	评分标准	标准分	评分
一般外貌	体质结实、结构匀称、雄性特征明显。外貌特征符合品种要求。头大、额宽、眼大突出、耳长直立、鼻直、嘴齐、颈粗壮;前躯略高,皮肤薄而有弹性,被毛短而有光泽	30	
体躯	体躯长而宽深,鬐甲高;胸围大,前胸宽广,肋骨拱圆,肘部充实;背腰宽平,腹部大小适中,尻长宽而不过斜	35	
雄性特征	体躯高大,轮廓清晰,目光炯炯,温顺而又悍威;睾丸大、左右对称,附睾明显、富有弹性;乳头明显、附着正常、无副乳头	20	
四肢	四肢健壮,肢势端正,关节干燥,肌腱坚实,前肢间距宽阔,后肢开张,系部坚强有力,蹄形端正,蹄缝紧密,蹄质坚韧,蹄底平正	15	
总分			
等级			

记录人: 　　　　　电话:

鉴定人: 　　　　　电话:

附表 2-7　乳用母羊外貌评定登记表

编号：　　　　　　　　　　　　　日期：　　　　年　　　月　　　日

地点：　　　省　　　县（区、市）　　　乡（镇）　　　村

联系人：　　　　　　联系方式：

羊号			
项目	评分标准	标准分	评分
一般外貌	体质结实、结构匀称、轮廓明显，反应灵敏；外貌特征符合品种要求，头长、清秀、鼻直、嘴齐、眼大有神，耳长、薄并前倾、灵活、颈部长；皮肤柔软、有弹性；毛短、白色有光泽	25	
体躯	体躯长、宽、深，肋骨开张、间距宽，前胸突出且丰满，背腰长而平直、腰角宽而突出，肷窝大，腹大而不下垂，尻部长而不过斜，臀端宽大	30	
泌乳系统	乳房容积大，基部宽广、附着紧凑，向前延伸、向后突出。两叶乳区均衡对称。乳房皮薄、毛稀、有弹性，挤奶后收缩明显，乳头间距宽，位置、大小适中，乳静脉粗大弯曲，乳井明显，排乳速度快	30	
四肢	四肢结实、肢势端正，关节明显而不膨大、肌腱坚实，前肢端正，后肢飞节间距宽，利于容纳庞大的乳房，系部坚强有力，蹄形端正、蹄质坚实、蹄底圆平	15	
总分			
等级			

记录人：　　　　　　　　电话：

鉴定人：　　　　　　　　电话：

2.4 其他信息登记表

2.4.1 种羊生长发育登记表

附表 2-8　种羊生长发育登记表

品种：　　　　　　　　　　　　　　种羊号：

发育阶段	体重/kg	体重测定日期	体尺/cm						测定日期	测定员
			体高	体长	胸围	胸宽	胸深	管围		
初生										

发育阶段	体重/kg	体重测定日期	体尺/cm						测定日期	测定员
			体高	体长	胸围	胸宽	胸深	管围		
断奶日龄										
12月龄										
18月龄										
24月龄										

2.4.2 种公羊采精记录表

附表 2-9　种公羊采精记录表

种羊场：

公羊号	采精日期	精液量/mL	密度/(亿个/mL)	活力	畸形率/%	测定员

2.4.3 种母羊配种记录表

附表 2-10　种母羊配种记录表

种羊场：

母羊号	品种	毛色特征	第一次配种时间	与配公羊号	第二次配种时间	与配公羊号	第三次配种时间	与配公羊号	预产期

2.4.4 种母羊产羔记录表

附表 2-11　种母羊产羔记录表

种羊场：

母羊号	品种	胎次	与配公羊号	产羔日期	羔羊编号	羔羊性别	羔羊初生重	羔羊毛色	产羔难易度				记录员
									正产	助产	引产	剖腹产	

2.4.5 种羊屠宰测定结果记录表

附表 2-12　种羊屠宰测定结果记录表

种羊场：

羊号	宰前活重/kg	胴体重/kg	屠宰率/%	后腿比例/%	腰肉比例/%	GR值/mm	眼肌面积/cm²	净肉重/kg	净肉率/%	肉骨比/%

2.4.6 种羊肉品质评定结果记录表

附表 2-13　种羊肉品质评定结果记录表

种羊场：

羊号	时间/h	肉色/分	pH	失水率/%	贮藏损失/%	熟肉率/%	肌内脂肪/%

2.4.7 种羊超声波测定记录表

附表 2-14　种羊超声波测定记录表

种羊场：

羊号	月龄	背膘厚/mm	眼肌面积/cm²	GR值/mm	测定日期	测定员

2.4.8 羊剪毛（抓绒）量记录表

附表 2-15　羊剪毛（抓绒）量记录表

种羊场名：

序号	种羊号	品种	年龄	性别	体重/kg	日期	剪毛量（抓绒量）/kg	毛长/cm	等级	测定员

附录 3 种羊外貌评定方法

3.1 肉用种羊外貌评定方法

观察整体结构、外形有无严重缺陷；种公羊是否单睾、隐睾；种母羊乳房发育情况；上、下颌发育是否正常；体况评级为 2～4 分者方可参加肉用种羊外貌评定，评分标准见附表 3-1。

附表 3-1 肉用种羊外貌评分标准

等级	特级	一级	二级	三级
成年公羊≥	90	85	75	70
成年母羊≥	85	80	70	65

3.2 毛用种羊外貌评定方法

3.2.1 被毛覆盖

理想型的毛肉兼用细毛羊，其头部覆盖毛着生至两眼连线，并有一定长度，呈毛丛结构，似帽状；四肢覆盖毛的着生，前肢到腕关节，后肢达飞节。超过上述界限者为倾向于毛用型，达不到者为倾向于肉用型。

3.2.2 体形特点

毛用羊的头一般较长，颈较长，鬐甲稍高，胸长而深，背腰平直强健但不如肉用羊宽，中躯容积大，后躯发育中等，四肢相对较长。

表示方法与记录符号。

a）L：表示符合品种理想型。颈部横皱褶数可标记为 $L_{2.0}$、$L_{2.5}$ 等；

b）L^{+}：表示倾向于毛用型；

c）L^{-}：表示倾向于肉用型。

3.2.3 羊毛密度

表示方法与记录符号。

a）M：表示密度中等，符合品种的理想型要求；

b）M$^+$：表示密度较大；

c）M^{++}（或 MM）：表示密度很大；

d）M$^-$：表示密度较差；

e）M$^=$：表示密度很差。

3.2.4 羊毛弯曲形状

表示方法与记录符号。

a）W：表示弯曲明显，呈浅波状或近似半圆形，符合理想要求；

b）W$^-$：表示弯曲不明显，呈平波状；

c）W$^+$：表示弯曲的底小弧度深，呈高弯曲；

d）W^0：表示体躯主要部位有环状弯曲。

3.2.5 羊毛油汗

表示方法与记录符号。

a）H：表示油汗含量适中，分布均匀，油汗覆盖毛丛长度1/2以上；

b）H$^+$：表示油汗过多，毛丛内有明显可见的颗粒状油粒；

c）H$^-$：表示油汗过少，油汗覆盖毛丛长度不到 1/3，羊毛纤维显得干燥，尘沙杂质往往侵入毛丛基部。

3.2.6 羊毛细度的匀度

表示方法与记录符号。

a）Y：表示匀度良好，体侧与股部羊毛细度的差异不超过品质支数一级；

b）Y$^-$：表示匀度较差，体侧与股部羊毛细度品质支数相差二级；

c）Y$^=$：表示细度不匀，体侧与股部羊毛细度品质支数相差在二级以上；

　　d）Ŷ：表示匀度很差，在主要部位有粗长毛纤维；

　　e）Y×：表示被毛中有死毛或干毛纤维。

3.2.7 外貌

用长方形代表羊只身体，各部位表现突出的优缺点，可用下列符号表示：

◁▭ 胸宽		▭ 背腰长	
◁▭ 胸狭		⊔ 凹背	
▭▷ 后躯丰满		▭x　x形腿（前肢或后肢）	
▭▷ 后躯发育不良			

3.2.8 综合评定

总评根据上面鉴定结果给予综合评定，按5分制评定，用圆圈数表示。

　　a）○○○○○：表示综合品质很好，可列入特等；

　　b）○○○○：表示综合品质符合理想型要求；

　　c）○○○：表示生产性能及外貌属中等；

　　d）○○：表示综合品质不良。

3.3 绒用种羊外貌评定方法

绒用种羊鉴定时着重观察体型结构、被毛颜色、有无明显缺陷；应毛长绒细，被毛洁白有光泽，体大头小，颈粗厚，背平直，后躯发达。观察种公羊是否单睾、隐睾；种母羊乳房发育情况。根据绒用种羊所属品种标准，进行外貌评定。外貌评分标准见附表3-2。

附表3-2　外貌评分标准

等级	特级	一级	二级	三级
成年公羊≥	85	80	75	70
成年母羊≥	80	75	70	65

3.4 乳用种羊外貌评定方法

观察强壮度、乳用特征、尻角、尻宽、后腿侧观、前乳区附着、后乳区高度、后乳区宽度和形状、乳房深度等。外貌评分标准见附表 3-3。

附表 3-3　外貌评分标准

等级	特级	一级	二级	三级
成年公羊≥	85	80	75	70
成年母羊≥	80	75	70	65